for BEAUTY STYLING PATTERN BOOK

뷰티 스타일링을 위한

Pattern Book

2020년 9월 5일 초판 인쇄
2020년 9월 10일 초판 발행

지은이 • 조고미 · 최은미 · 하선옥 · 허미라
발행인 • 주병오 · 주민기
발행처 • 메디시언

주 소 • 경기도 파주시 회동길 209
파주출판문화정보산업단지
영업부 • 031-955-7566 · 7577
편집부 • 031-955-7731
F A X • 031-955-7730
홈페이지 • www.ji-gu.co.kr
전자우편 • jigupub@hanmail.net
등록번호 • 2005년 2월 16일 제 406-2005-000045호

ISBN 979-11-90839-08-2 가격 25,000원

머리말

최근 세계적으로 K-뷰티산업이 주목을 받으며, 국내의 미용 산업과 미용 교육 분야도 빠른 성장과 관심을 받고 있습니다. 따라서 미용인들에게 더욱 창의적이고 아트적인 감성이 중요해졌고 점차 다양화와 전문성의 요구도도 높아졌습니다.

메이크업에 있어서 디자인은 아이디어에 따라 사람의 얼굴을 어떻게 표현할 것인지와 창의적인 작품을 시각적으로 표현하기 위한 테크닉의 완성도에 따라 더 나은 메이크업의 표현이 가능합니다.

이 패턴 북에는 미술을 전공하지 않은 메이크업 아티스트들에게 선과 면을 이용한 일러스트레이션의 초반 작업부터 얼굴의 형태, 구성요소에 따른 다양하고 창의적인 일러스트의 작업과 메이크업 국가자격증 실기시험의 과제별, 그리고 1900년대부터 2020년대에 이르기까지 시대별 트렌드 메이크업 표현 등을 다양하게 연습해 볼 수 있도록 편성하였습니다.

메이크업 아티스트가 되는데 필요한 기초적인 스케치 연습에서부터 기본패턴을 익히고 테크닉을 숙달시켜 보다 창의적이고 아름다움을 표현하는데 조금이나마 보탬이 되기를 바랍니다.

끝으로 이 출판에 애써주신 메디시언의 주민기 이사님과 편집에 도움을 주신 임직원 여러분께 감사드린다.

경자년 가을에

저자 일동

목 차

Chapter 1 Basic & Drawing

일러스트를 위한 도구 및 재료

① 파스텔 	⑥ 붓펜 
② 지우개 	⑦ 목탄 
③ 수성 색연필 	⑧ 아이새도 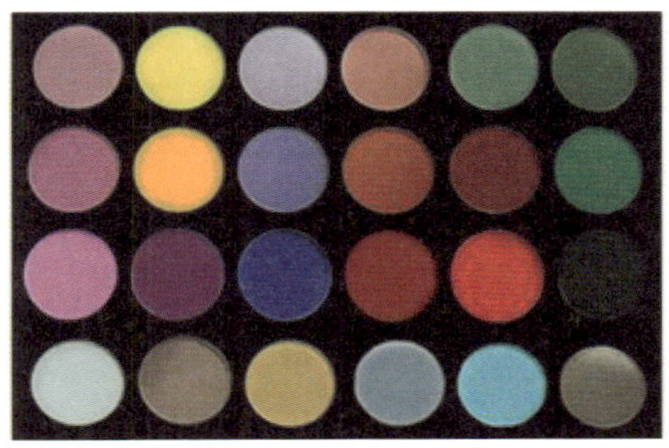
④ 브러시 	⑨ 면봉 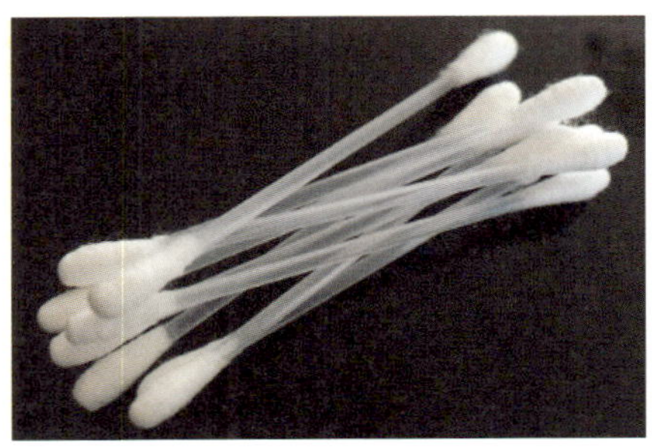
⑤ 연필 	⑩브러시 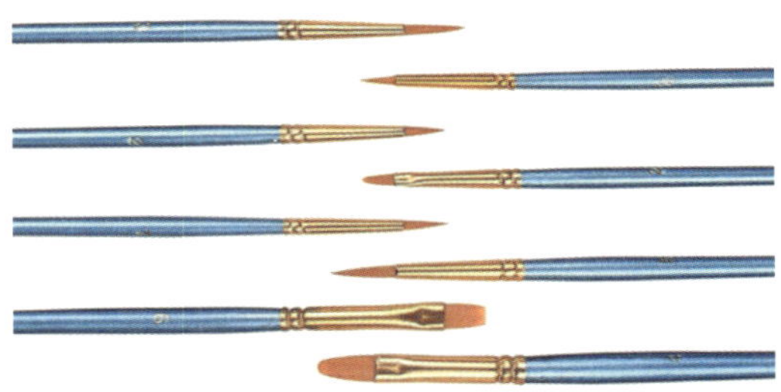

LINE - 수평선 긋기 1

※ 일정한 간격을 유지하면서 왼쪽에서 오른쪽으로 선을 그어 주세요.

실습 1

실습 2

실습 3

LINE - 수평선 긋기 2

※ 일정한 간격을 유지하면서 왼쪽에서 오른쪽으로 선을 그어 주세요.

실습 1

실습 2

실습 3

LINE - 수평선 긋기 3

※ 일정한 간격을 유지하면서 왼쪽에서 오른쪽으로 선을 그어 주세요.

실습 1

실습 2

실습 3

LINE - 사선 긋기 1

※ 일정한 간격을 유지하면서 위에서 아래로 사선을 그어주세요.

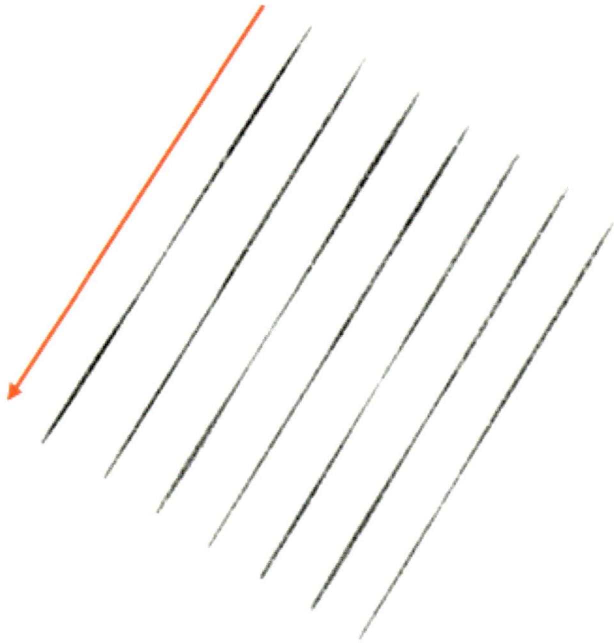

실습 1

실습 2

실습 3

LINE - 사선 긋기 2

※ 일정한 간격을 유지하면서 위에서 아래로 사선을 그어주세요.

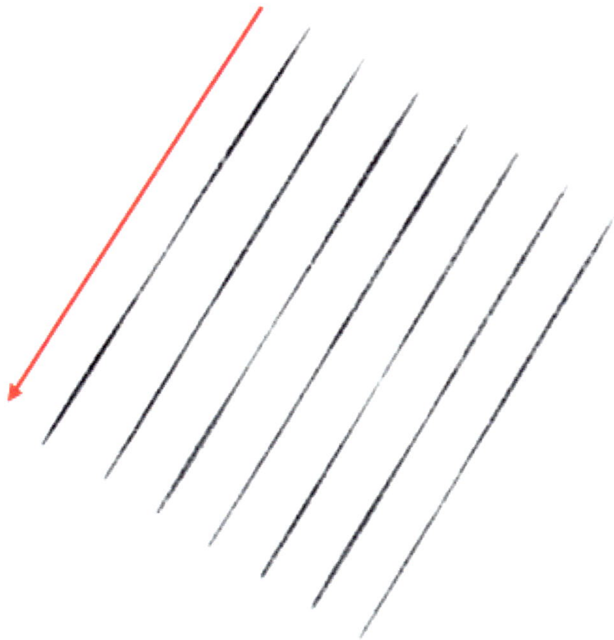

실습 1

실습 2

실습 3

LINE - 사선 긋기 3

※ 일정한 간격을 유지하면서 위에서 아래로 사선을 그어주세요.

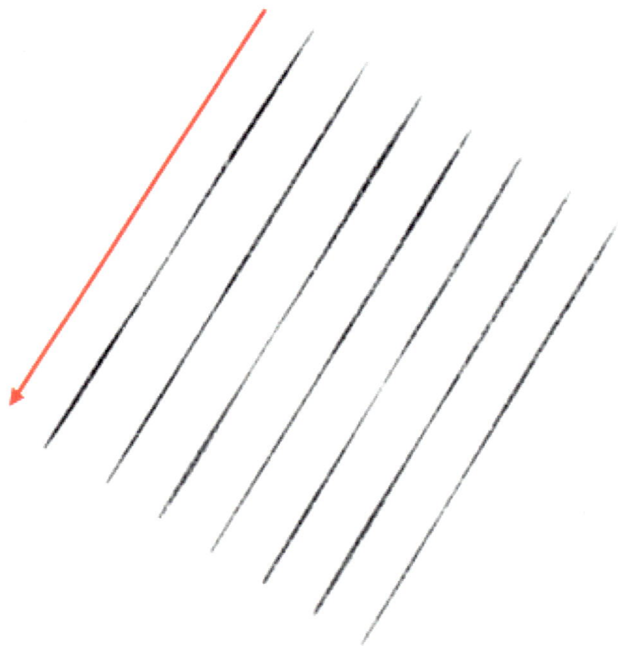

실습 1

실습 2

실습 3

LINE - 곡선 긋기

※ 일정한 간격을 유지하면서 힘을 넣고 빼면서 곡선을 그어주세요.

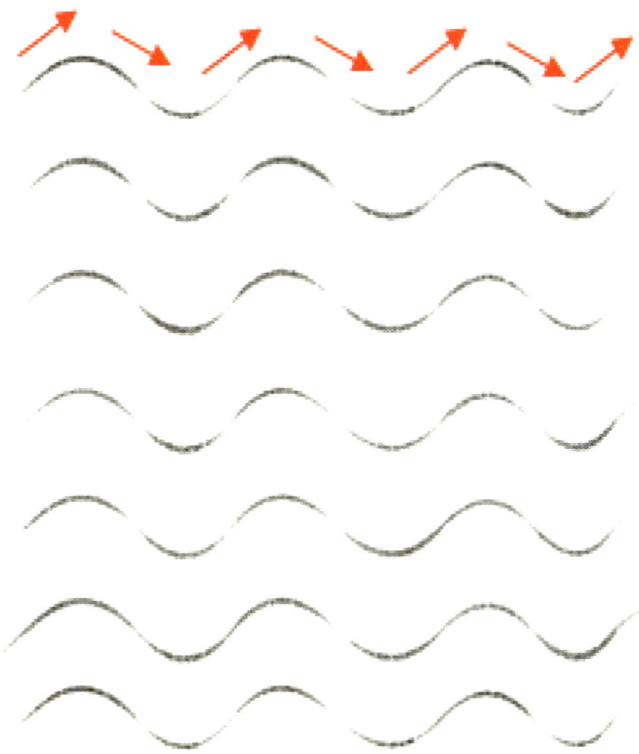

실습 1

실습 2

실습 3

Tone - 단계별 명암

실습 1

실습 2

실습 3

Tone - Gradation

실습 1

실습 2

실습 3

Tone - Color Gradation

실습 1

실습 2

실습 3

Chapter 2 # Face Shape

Highlight Shading Blusher

Oval Face

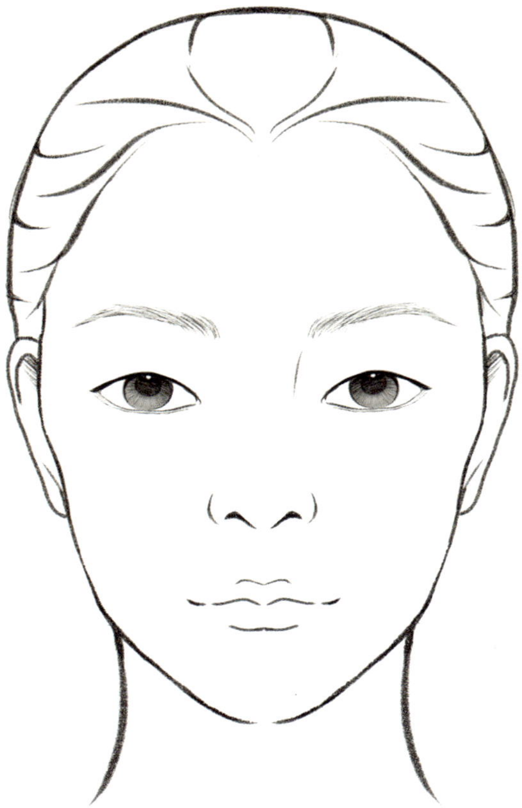

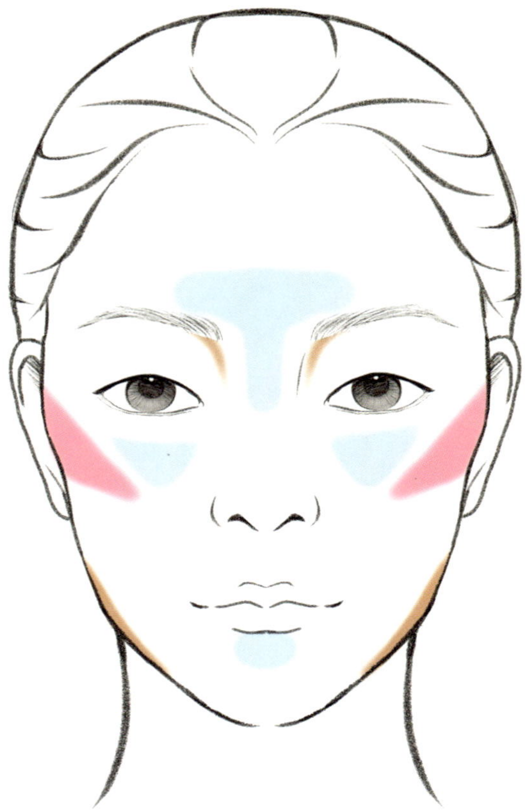

Oblong Face

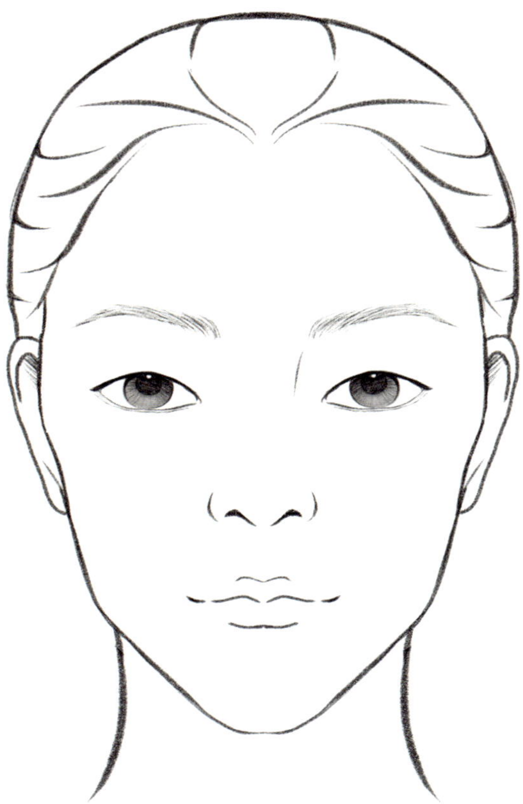

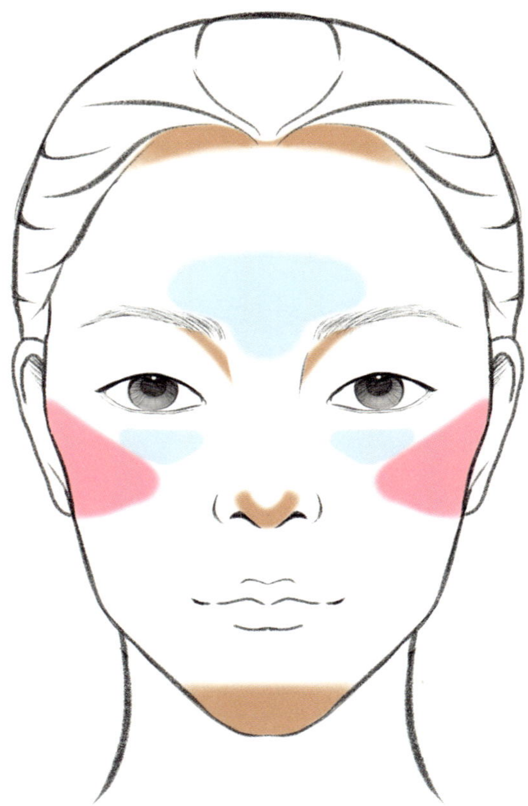

Highlight Shading Blusher

Round Face

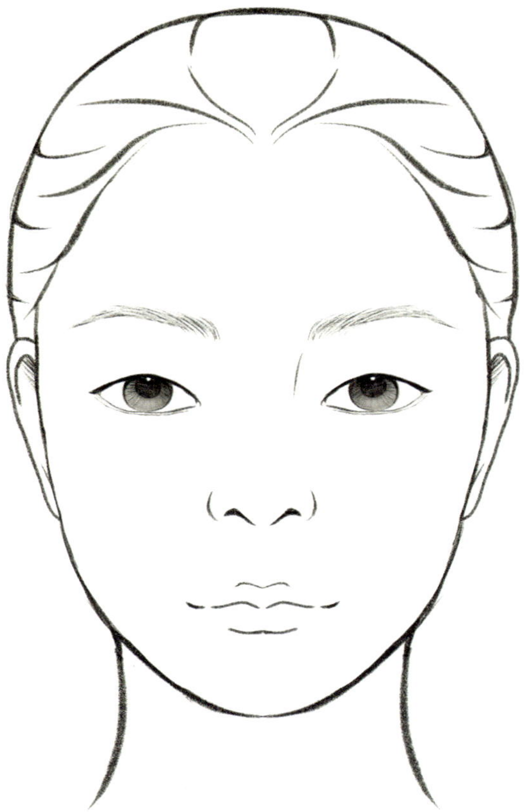

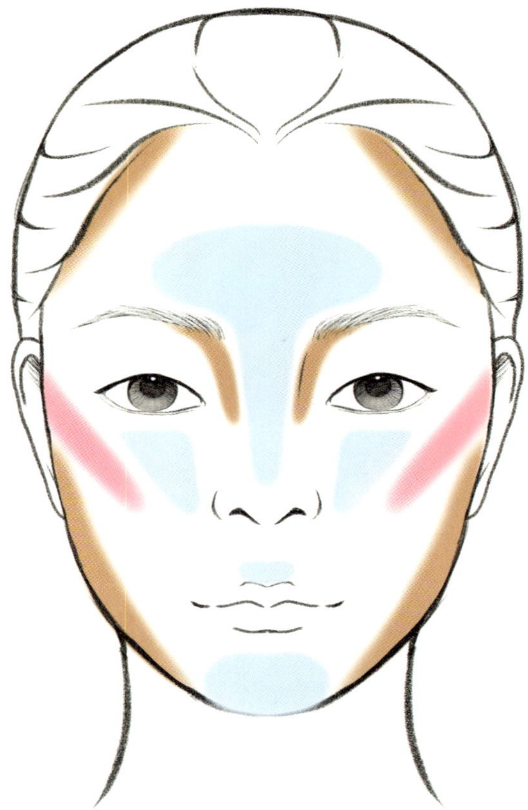

Square Face

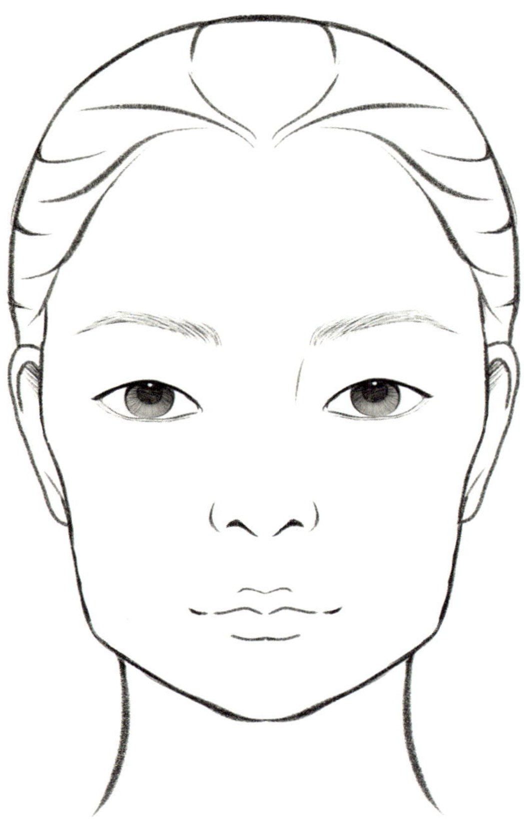

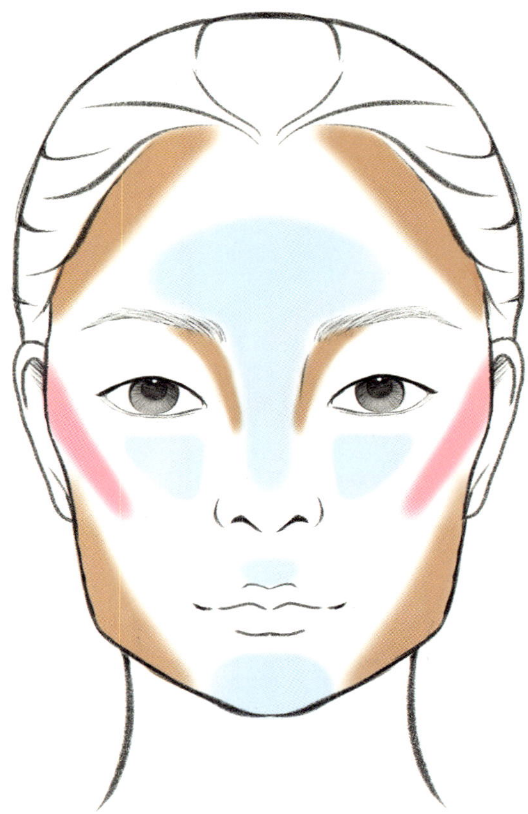

Highlight · Shading · Blusher

Inverted Triangle

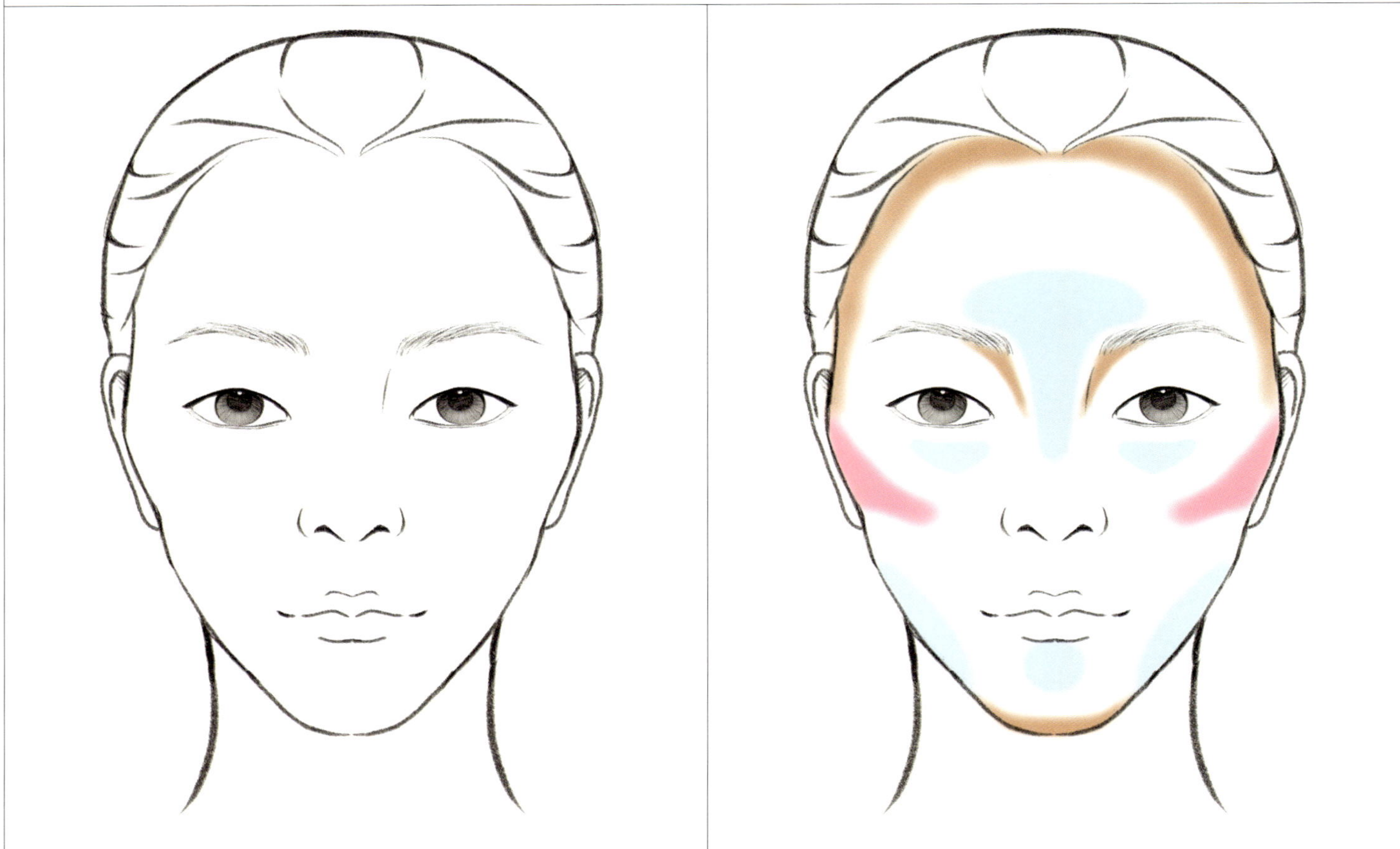

Diamond Face

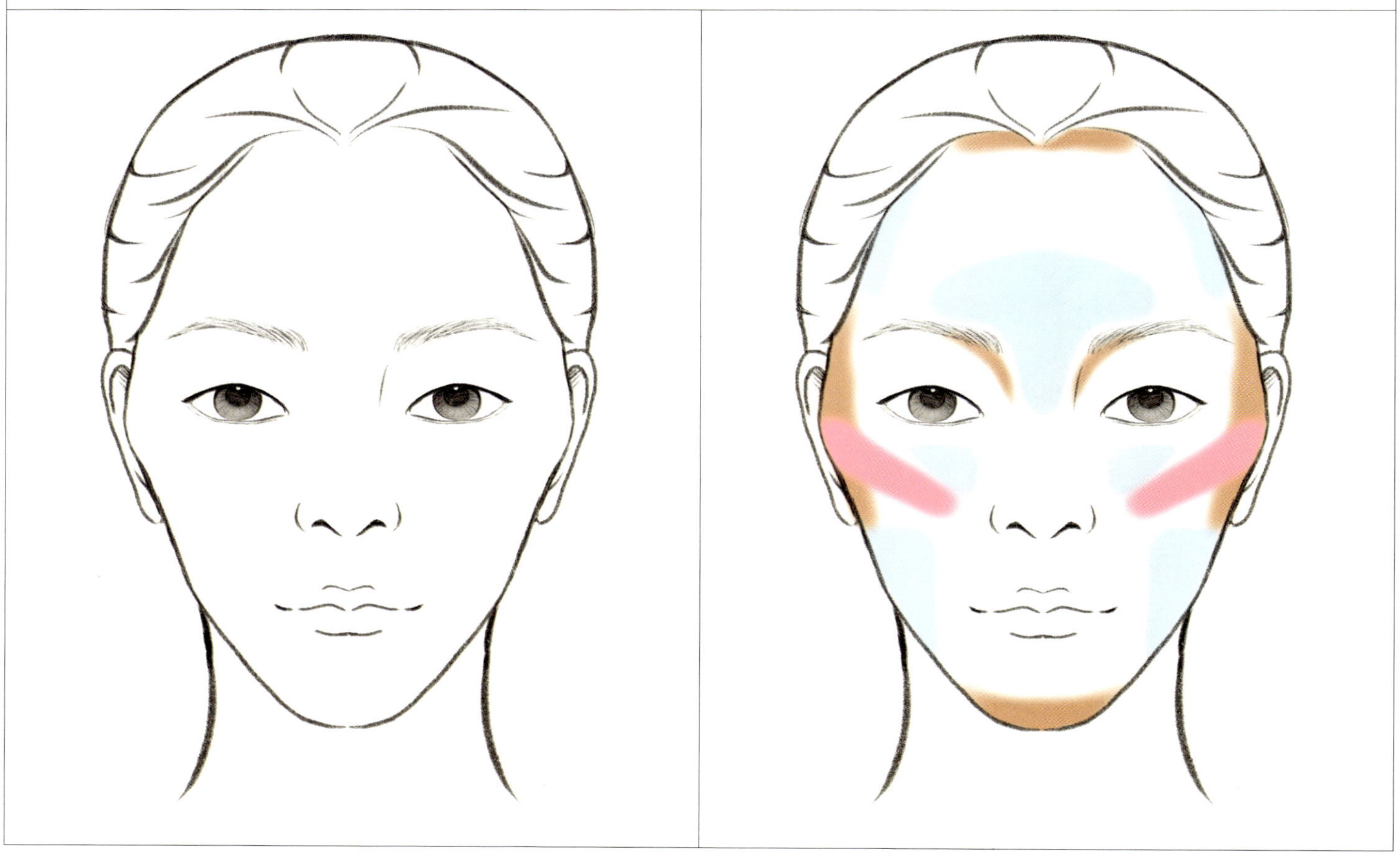

Oval Face

Highlight Shading Blusher

Oblong Face

Highlight Shading Blusher

Round Face

Highlight Shading Blusher

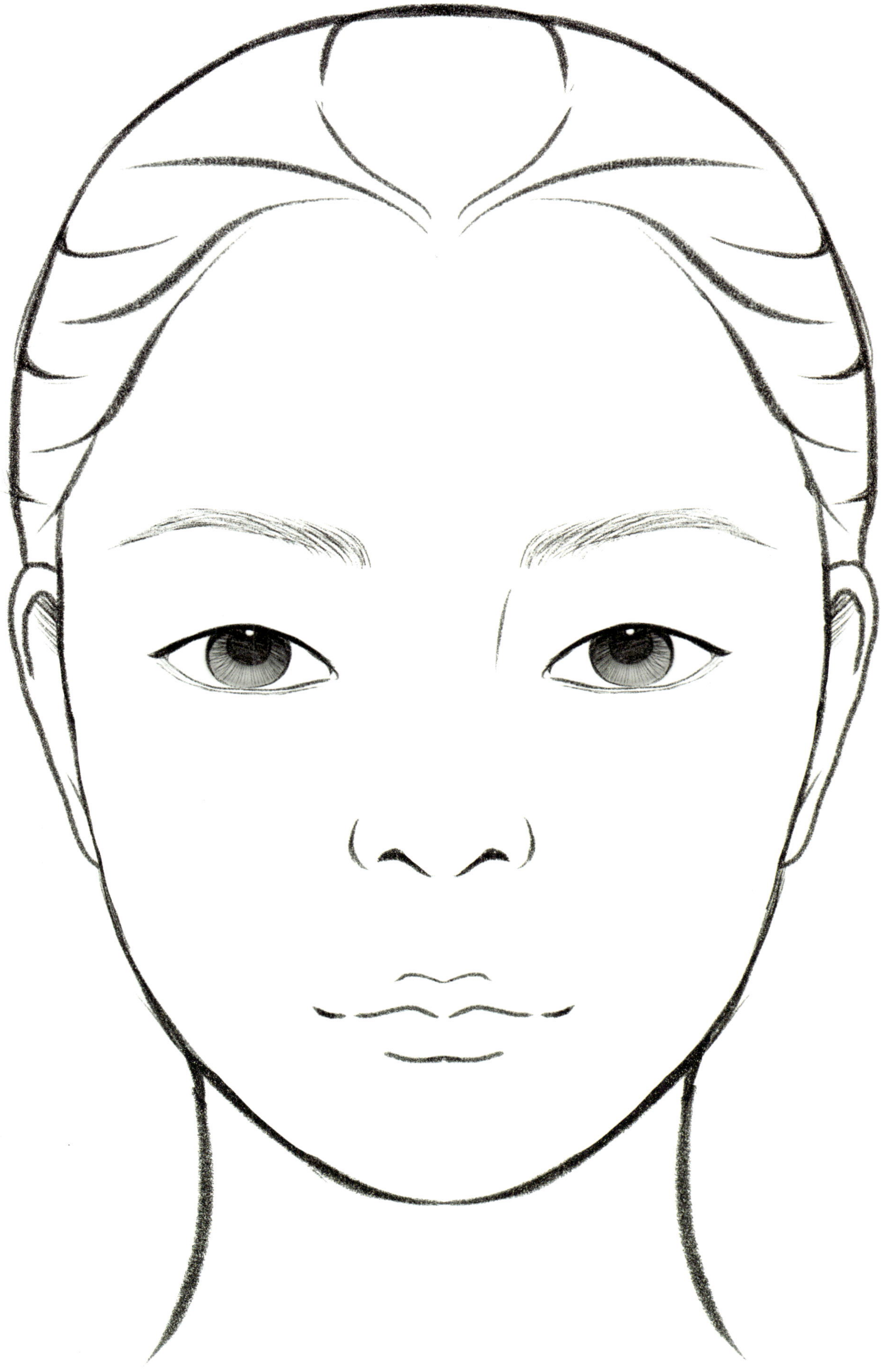

Square Face

Highlight Shading Blusher

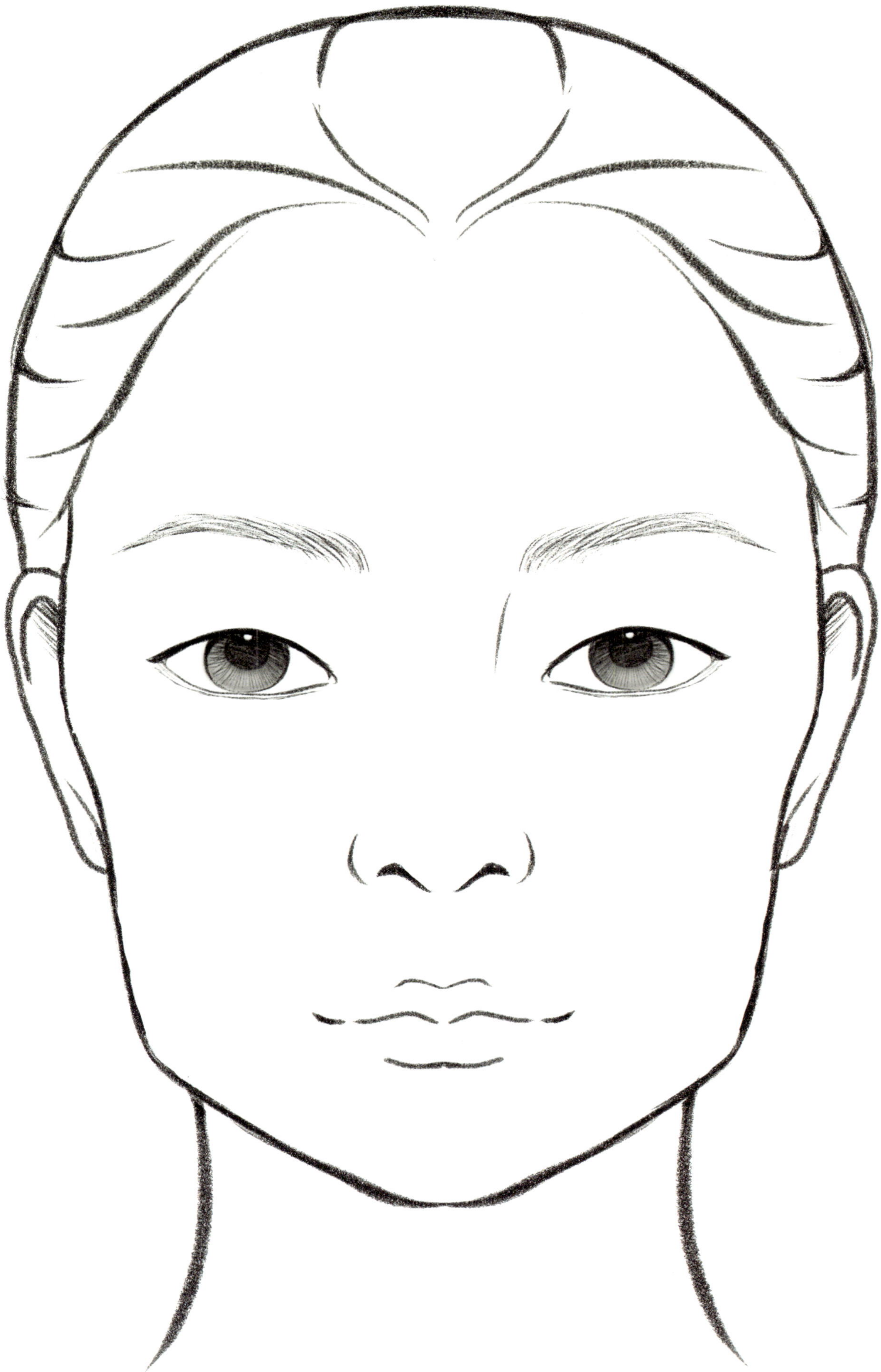

Inverted Triangle Face

Highlight Shading Blusher

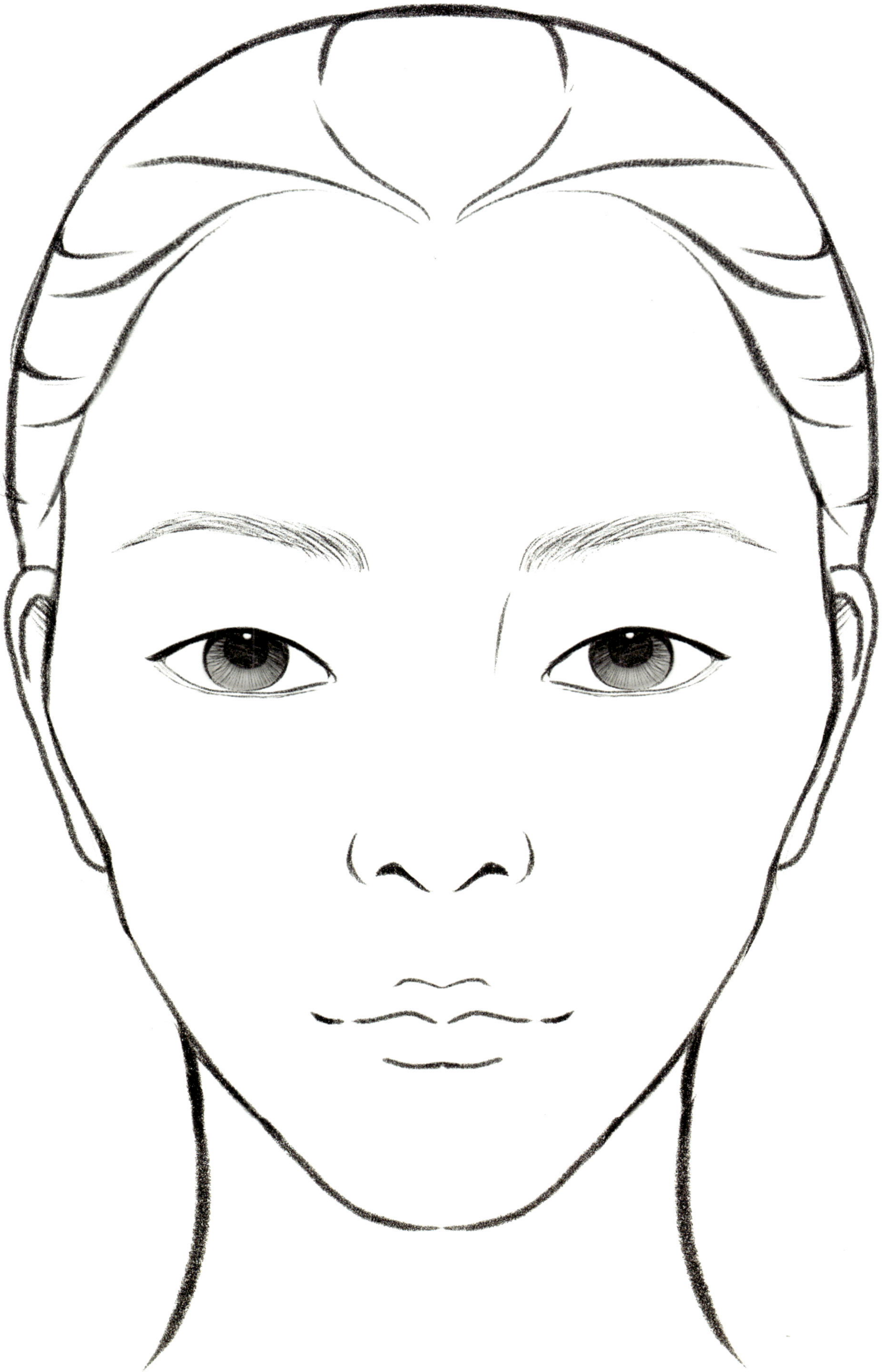

Diamond Face

Highlight Shading Blusher

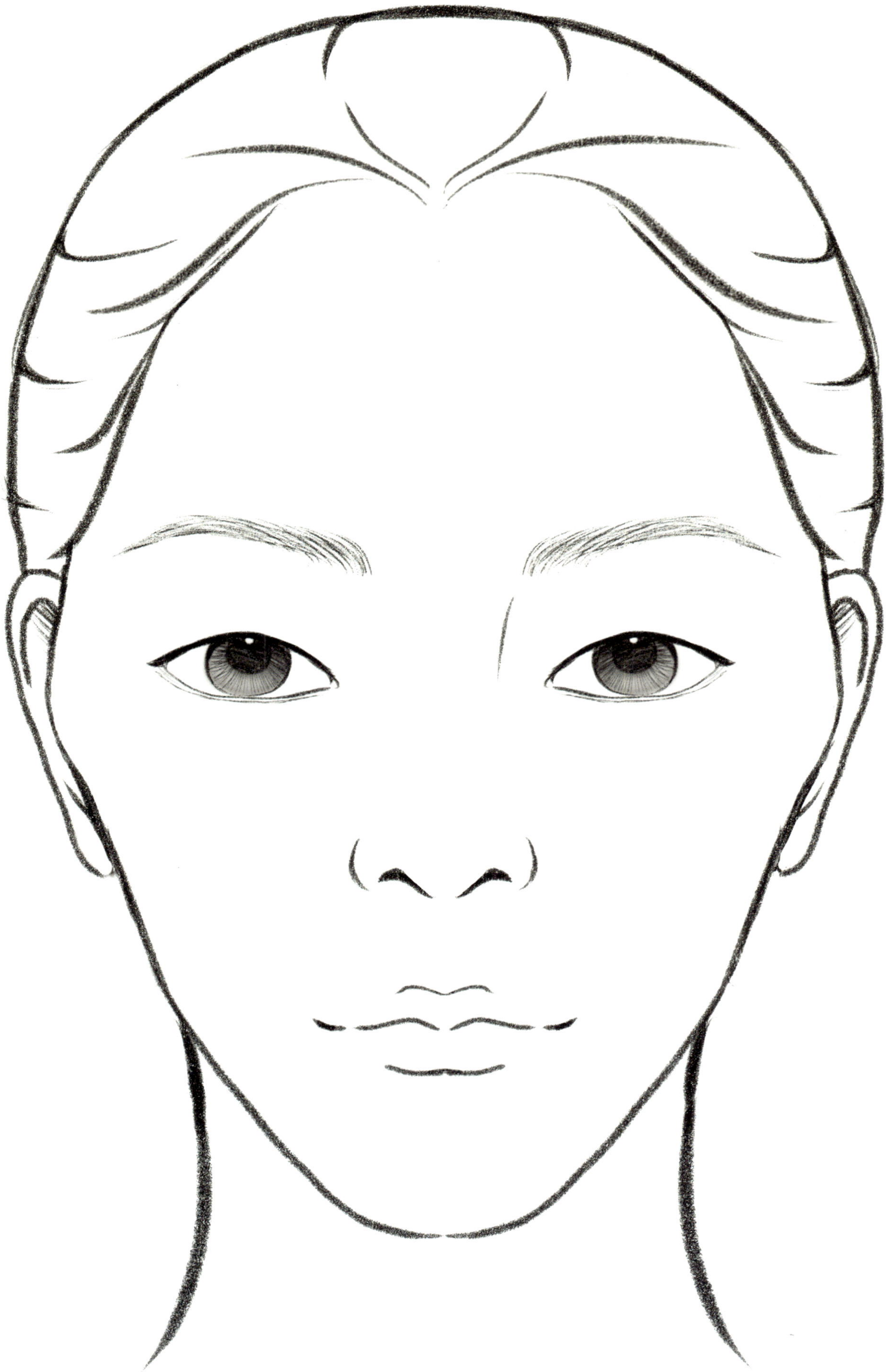

Chapter 3 Eye Brow Style

표준형

- 일자형에 가까운 기본형
- 가장 자연스러운 형태의 눈썹

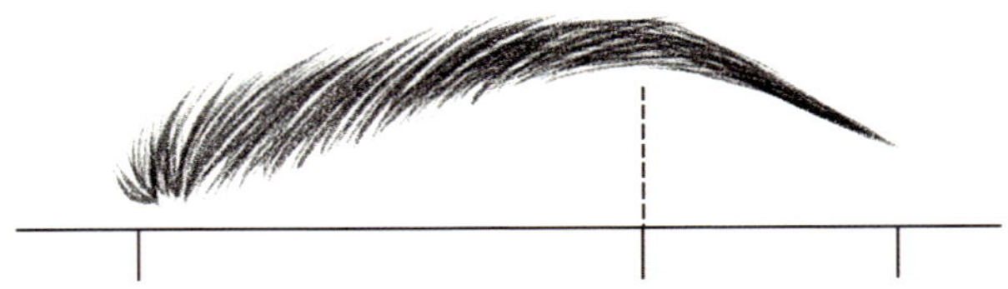

일자형

- 일자형 눈썹
- 눈썹 길이가 길지 않음
- 눈썹 산이 부드럽게 표현
- 어리면서도 순수한 느낌

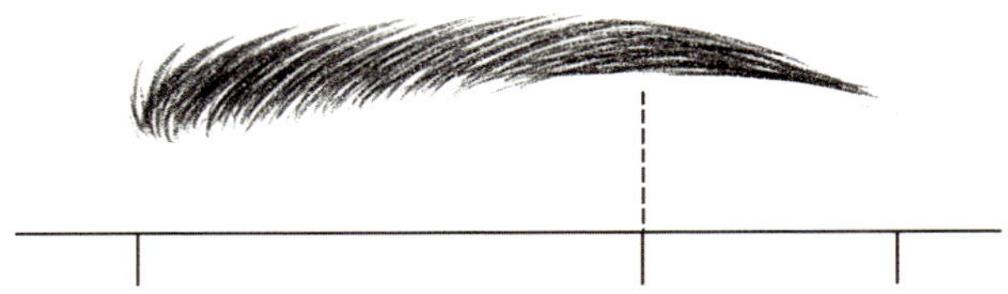

상승형

- 눈썹 끝이 올라간 형태
- 개성 있고 강한 느낌

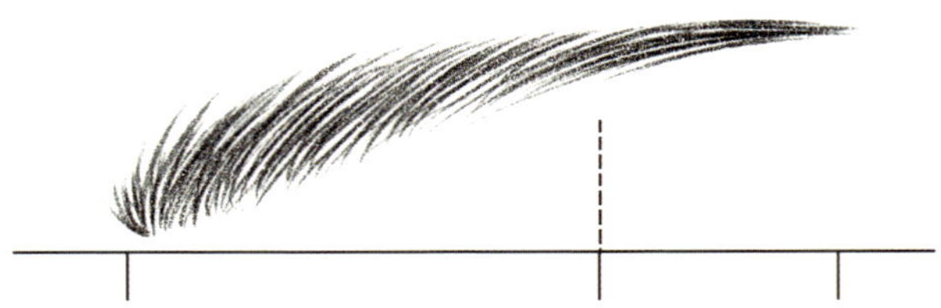

아치형

- 고상하고 품위 있는 이미지
- 눈썹 산이 높게 위치

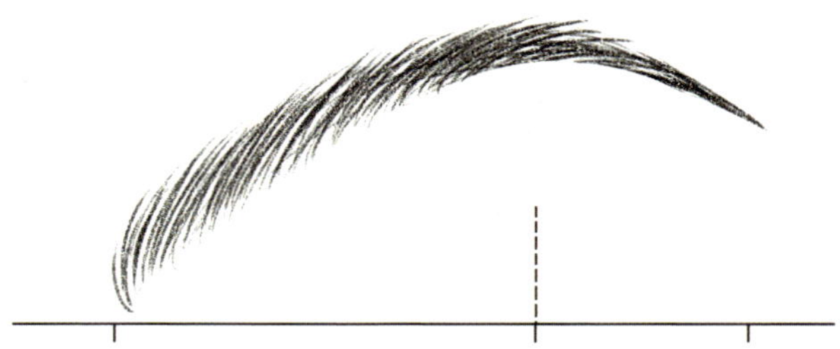

각진형

- 고전적인 형태의 눈썹 중 하나
- 화려하고 강한 이미지

Eye Brow - 표준형

Eye Brow - 일자형

Eye Brow - 상승형

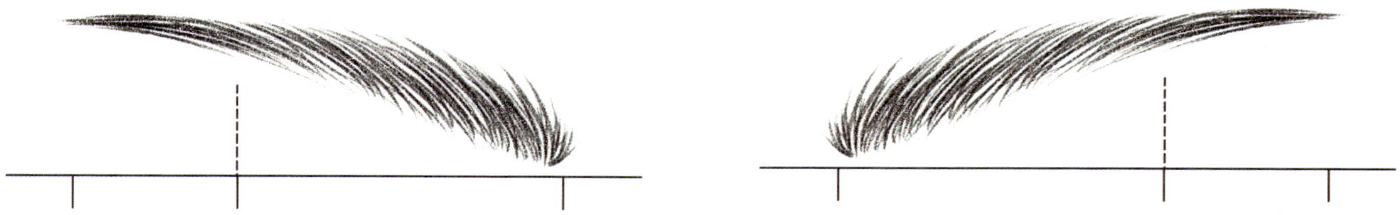

Eye Brow - 아치형

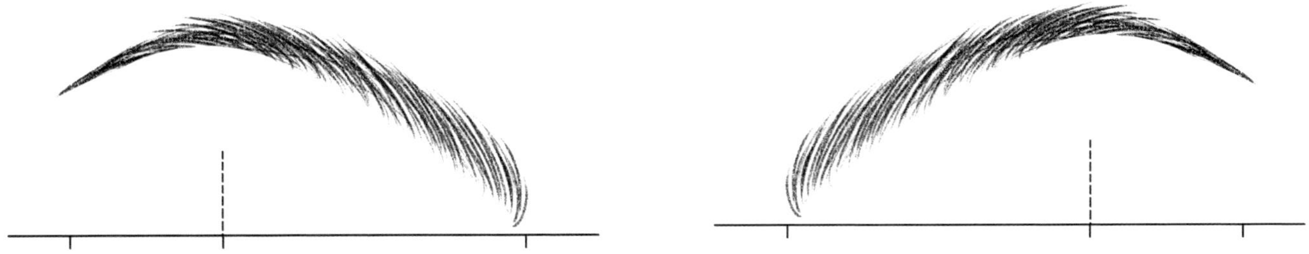

Eye Brow - 각진형

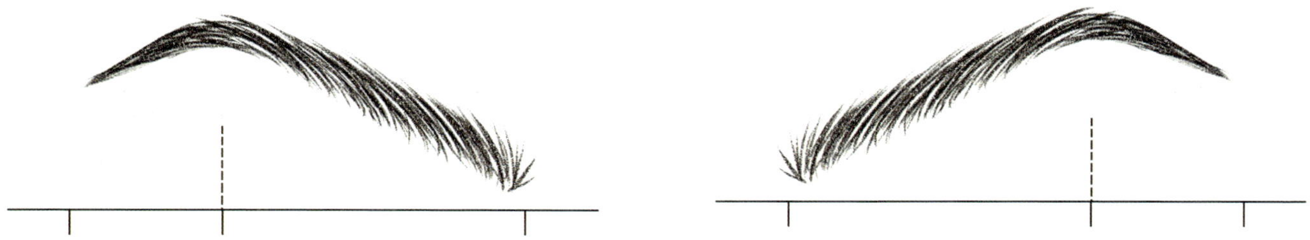

Chapter 4 Eye Line Style

큰 눈

큰 눈 수정

작은 눈

작은 눈 수정

처진 눈

처진 눈 수정

올라간 눈

올라간 눈 수정

미간이 좁은 눈

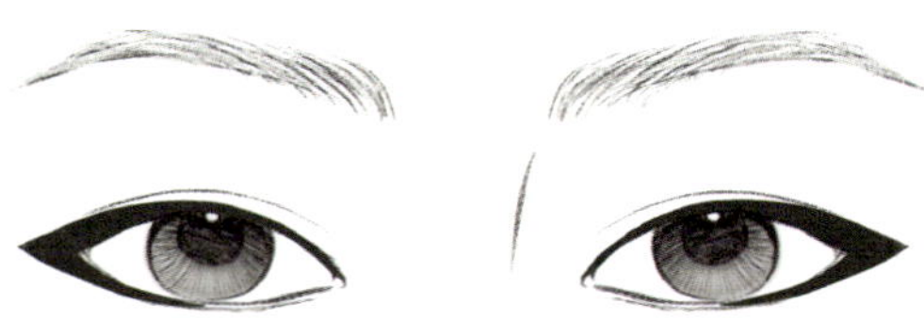

미간이 좁은 눈 수정

미간이 넓은 눈

미간이 넓은 눈 수정

Eye Line - 큰 눈

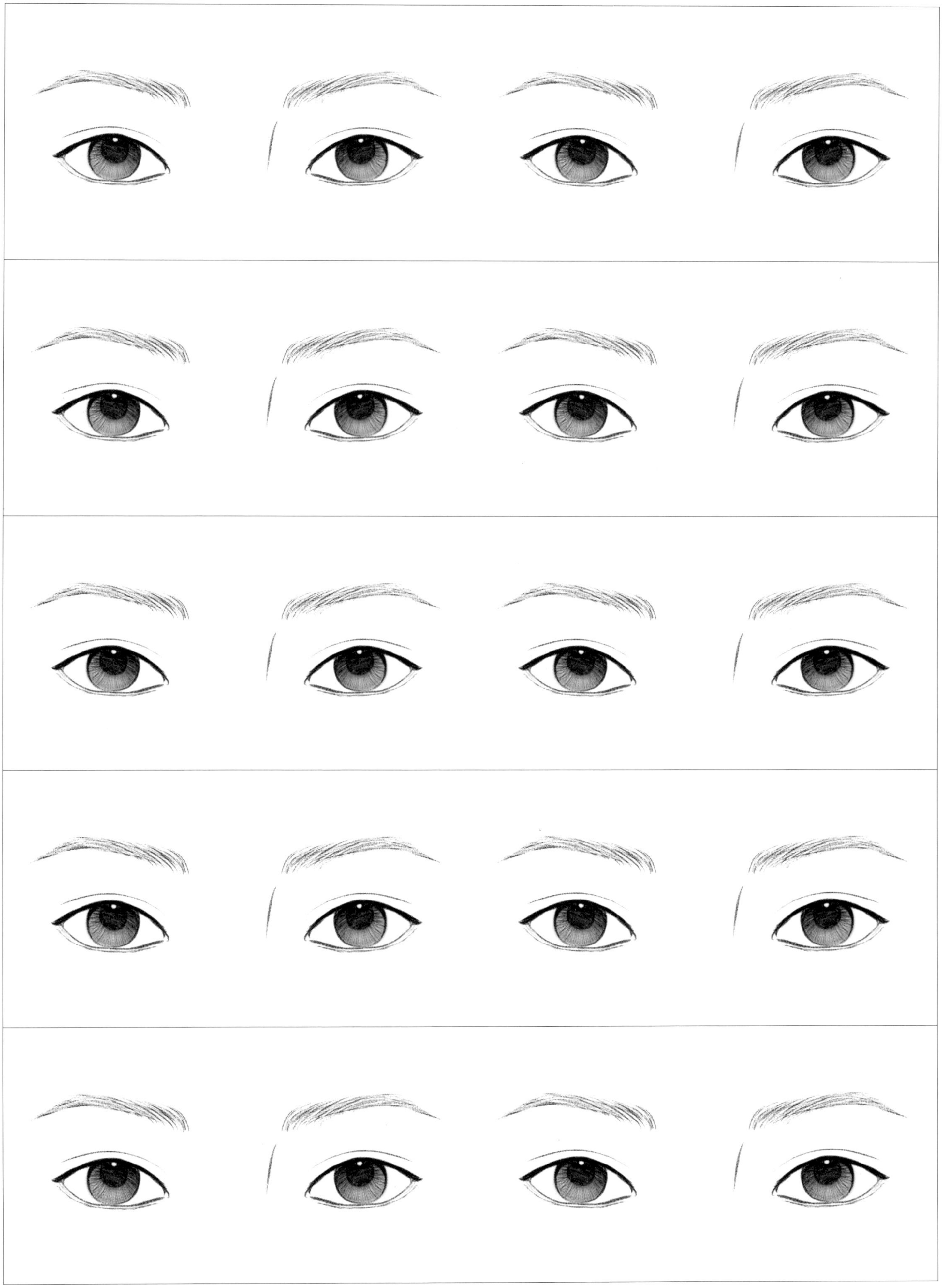

Eye Line - 작은 눈

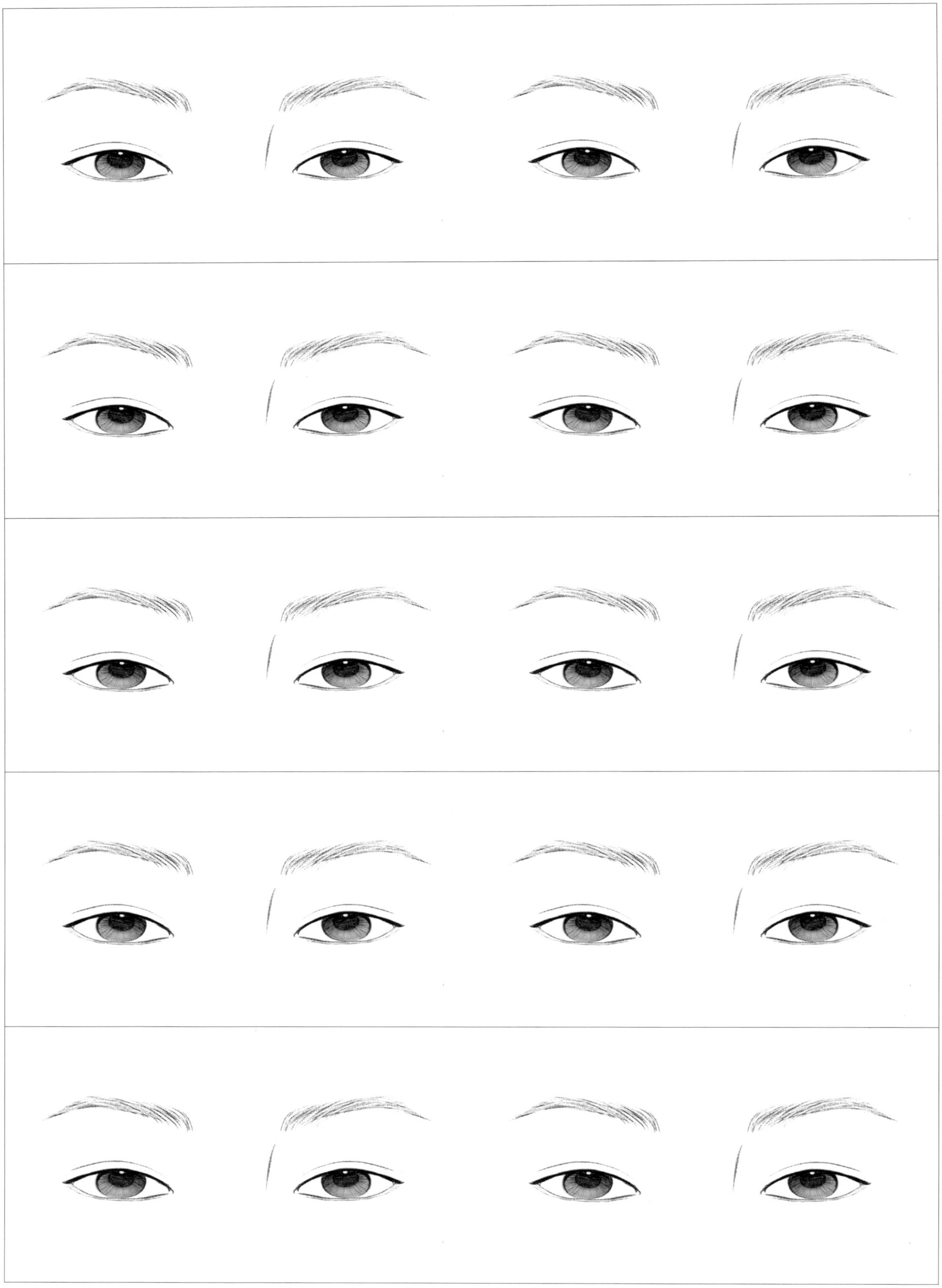

Eye Line - 처진 눈

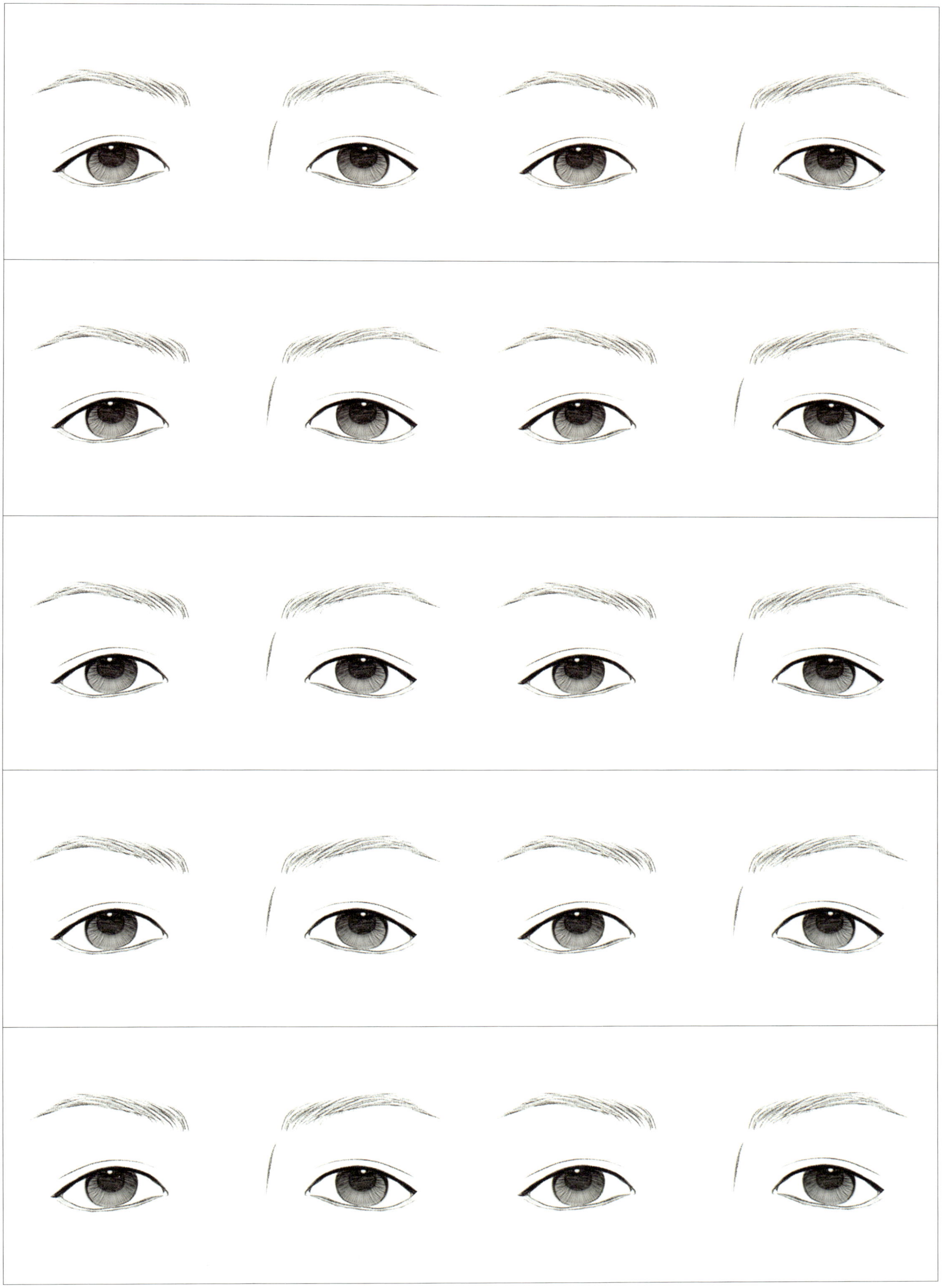

Eye Line - 올라간 눈

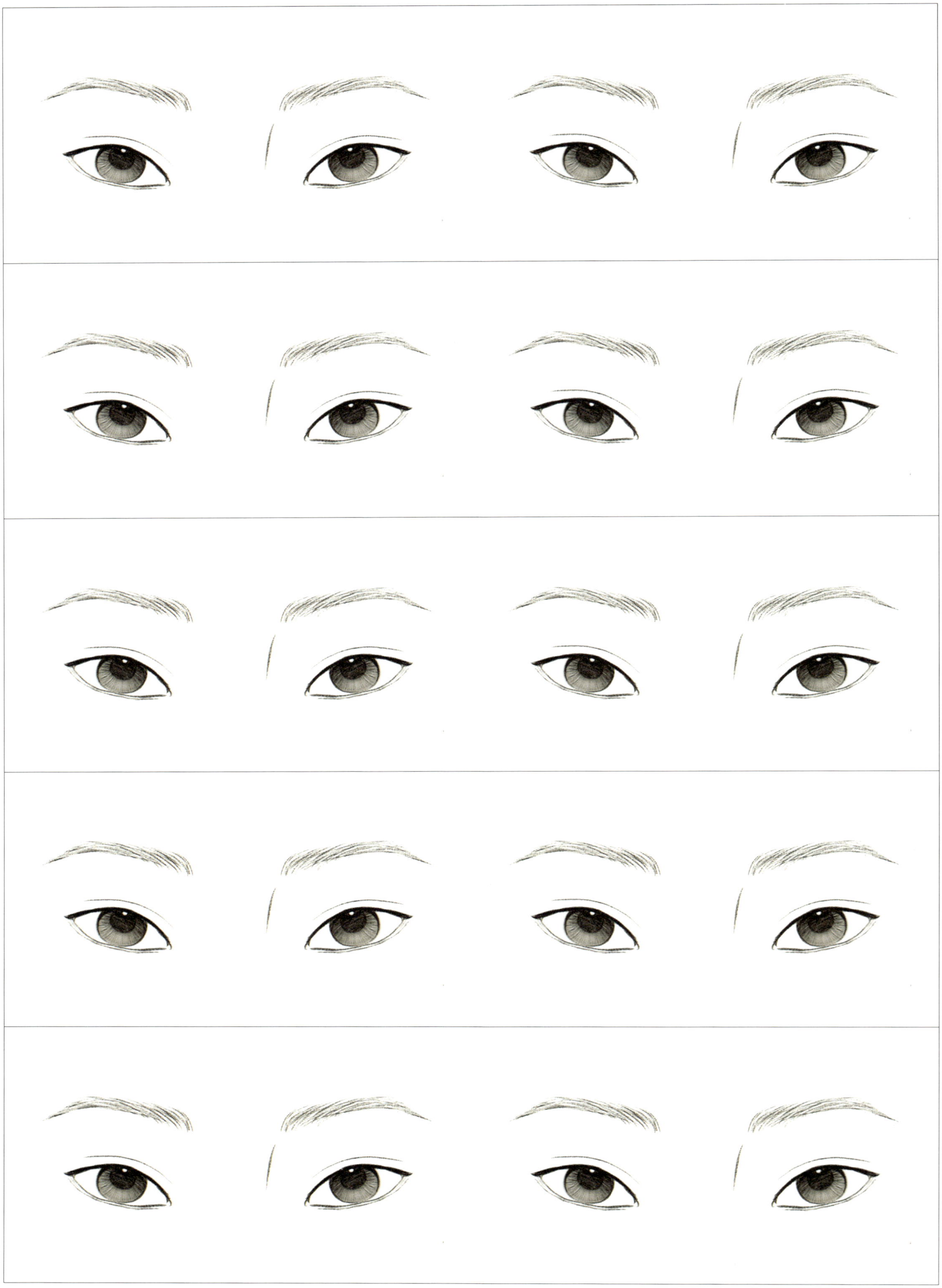

Eye Line - 미간인 좁은 눈

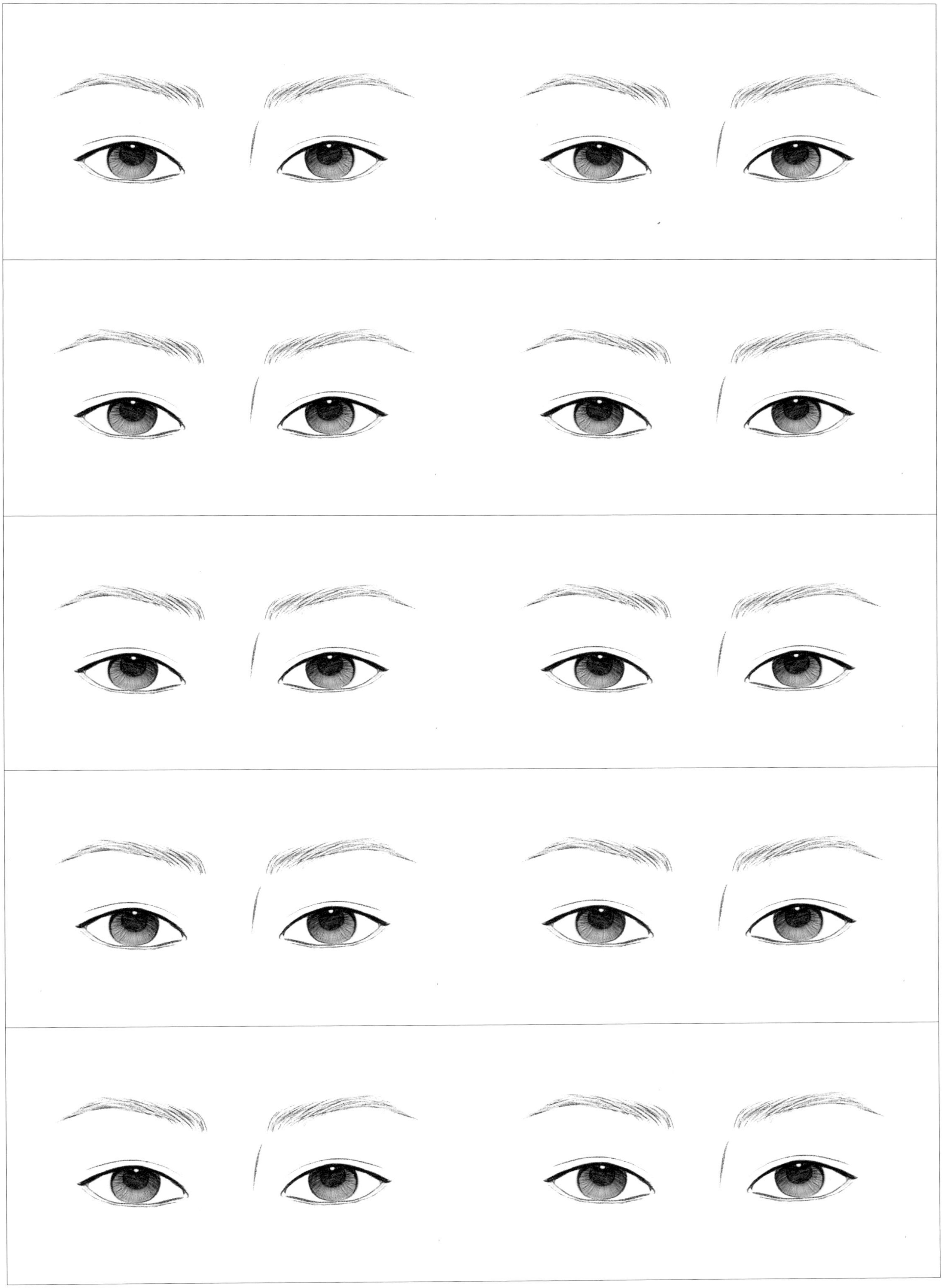

Eye Line - 미간인 넓은 눈

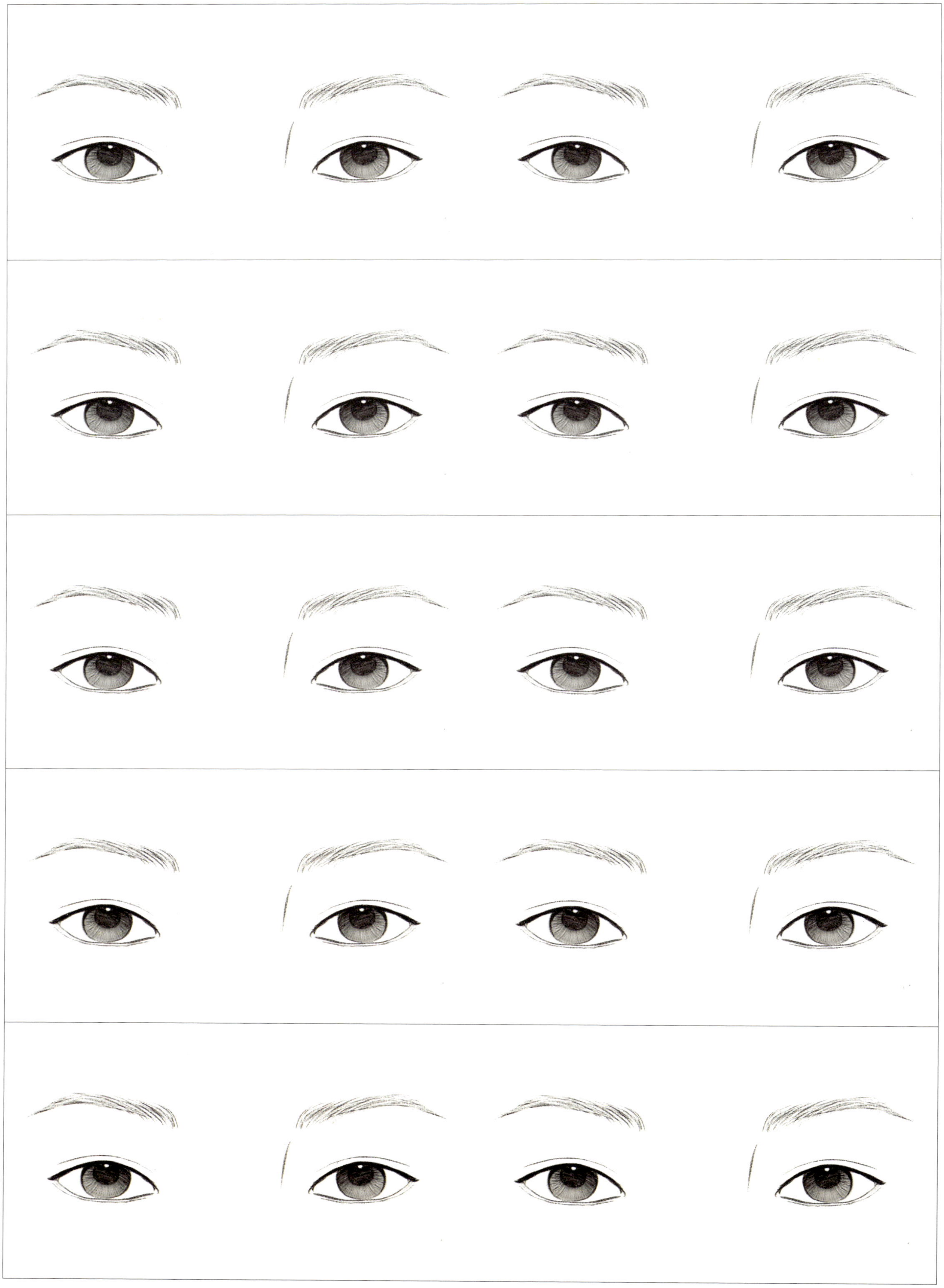

Chapter 5 Eyelash Style

① 눈의 앞머리 부분 선 잡기

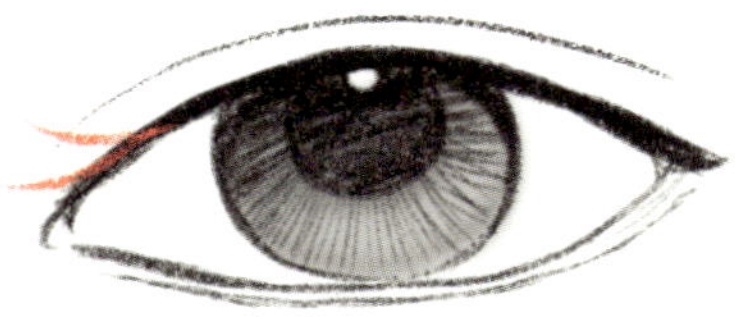

② 눈 끝 부분 선 잡기

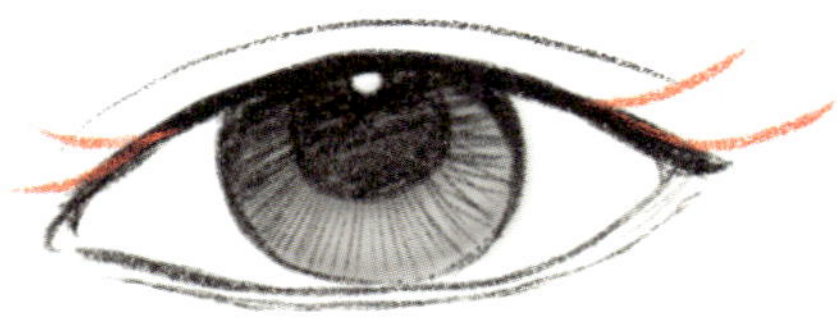

③ 중앙 부분 잡기

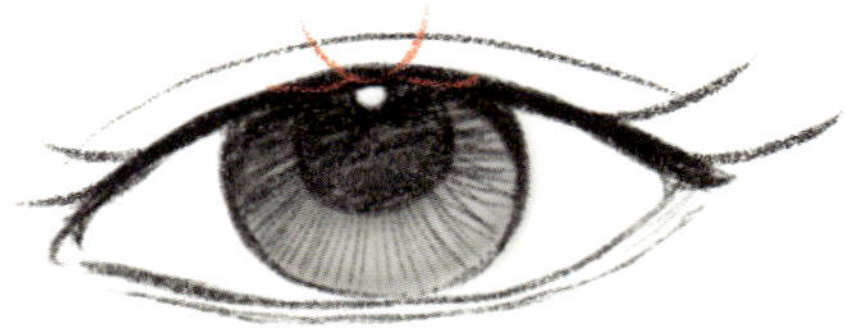

④ 눈의 앞머리 부분에서
중앙 부분으로 그려 나가기

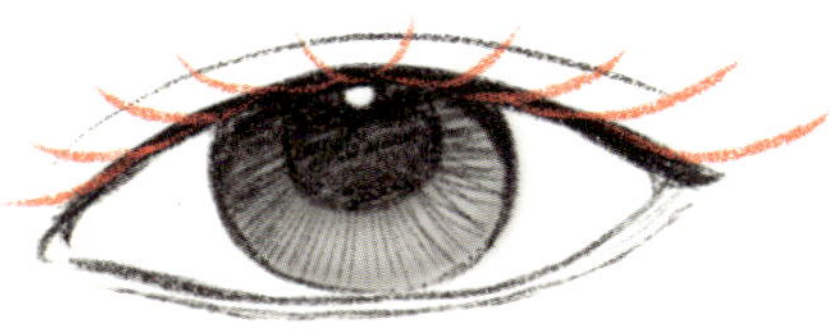

⑤ 눈 중앙 부분에서
눈 끝 부분으로 그려 나가기

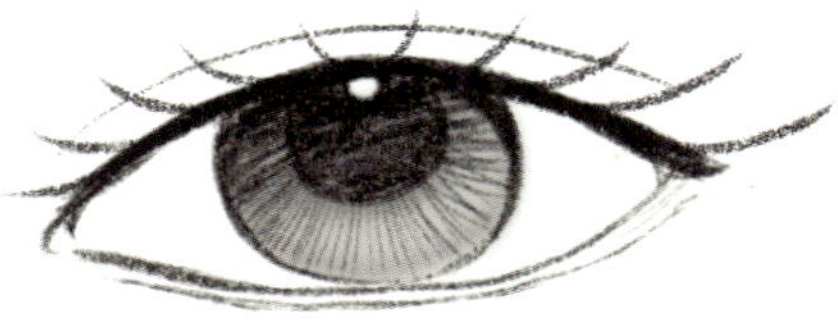

⑥ 빈 부분 채워주기

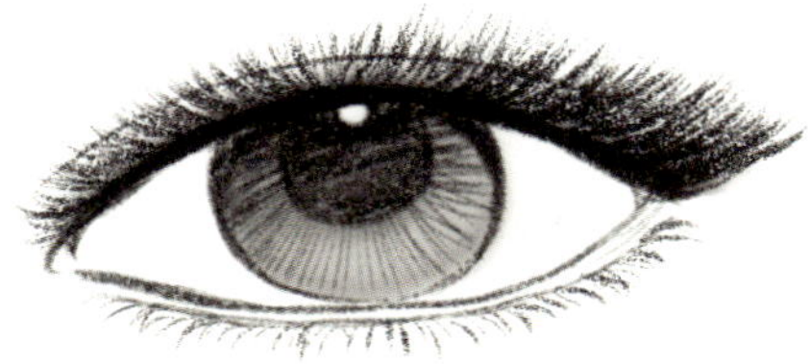

⑦ 눈 아래 속눈썹도 위와 동일한 순서로 그리기(아래는 조금 짧게 그린다)

Eyelash

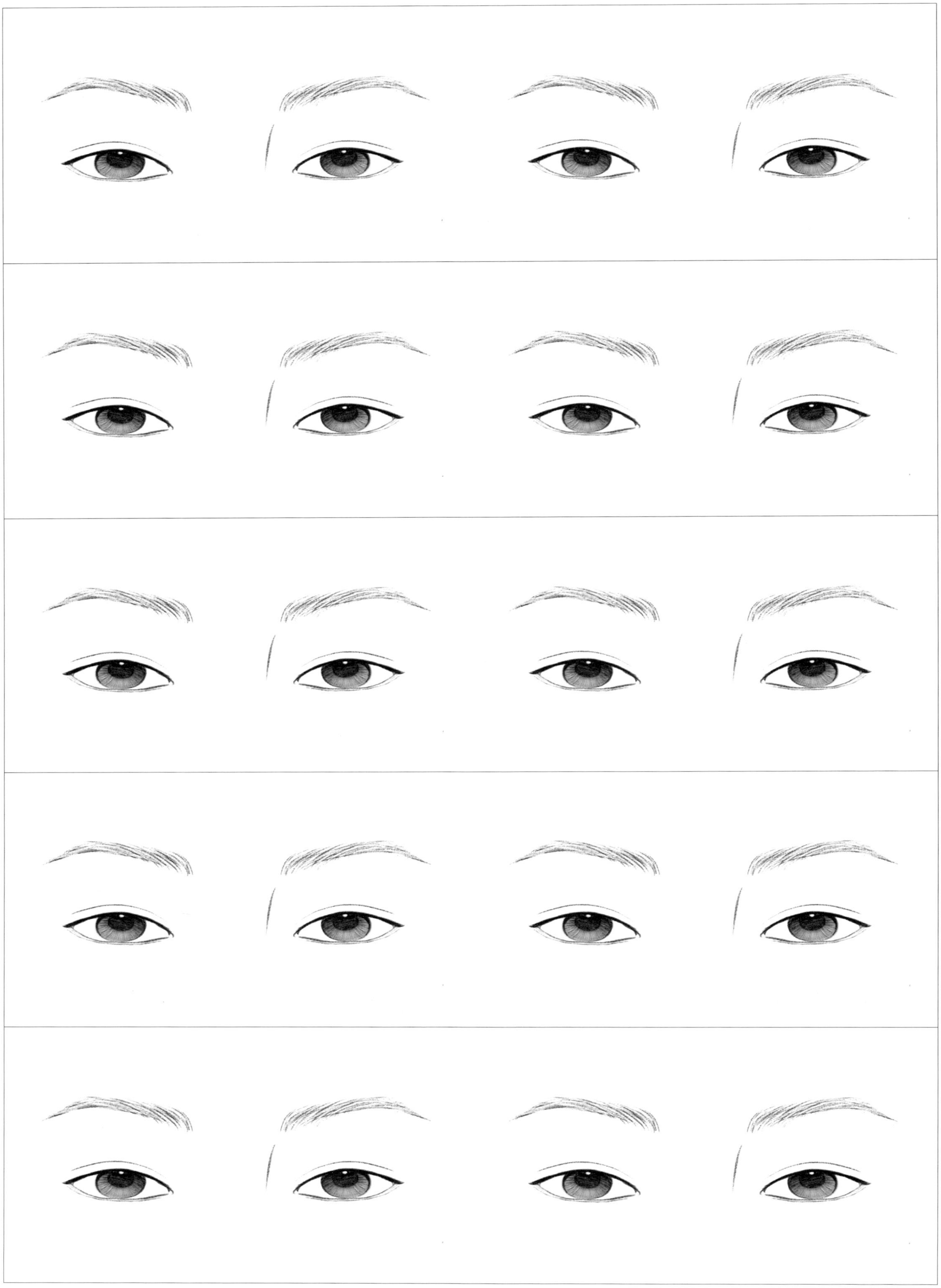

Chapter 6 Eye Shadow Style

가로 펴 바르기	
세로 펴 바르기	
알로 기법	
아이 홀 기법	

Eye Shadow - 가로 펴 바르기

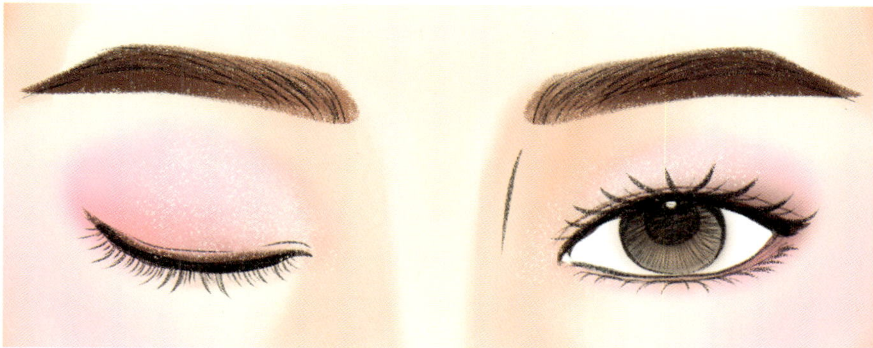

① 눈두덩이까지 펴 바르기	② 그라데이션 색상 바르기	③ 포인트 색상 바르기	④ 눈 밑 바르기

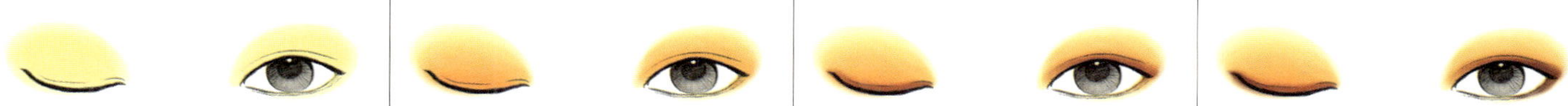

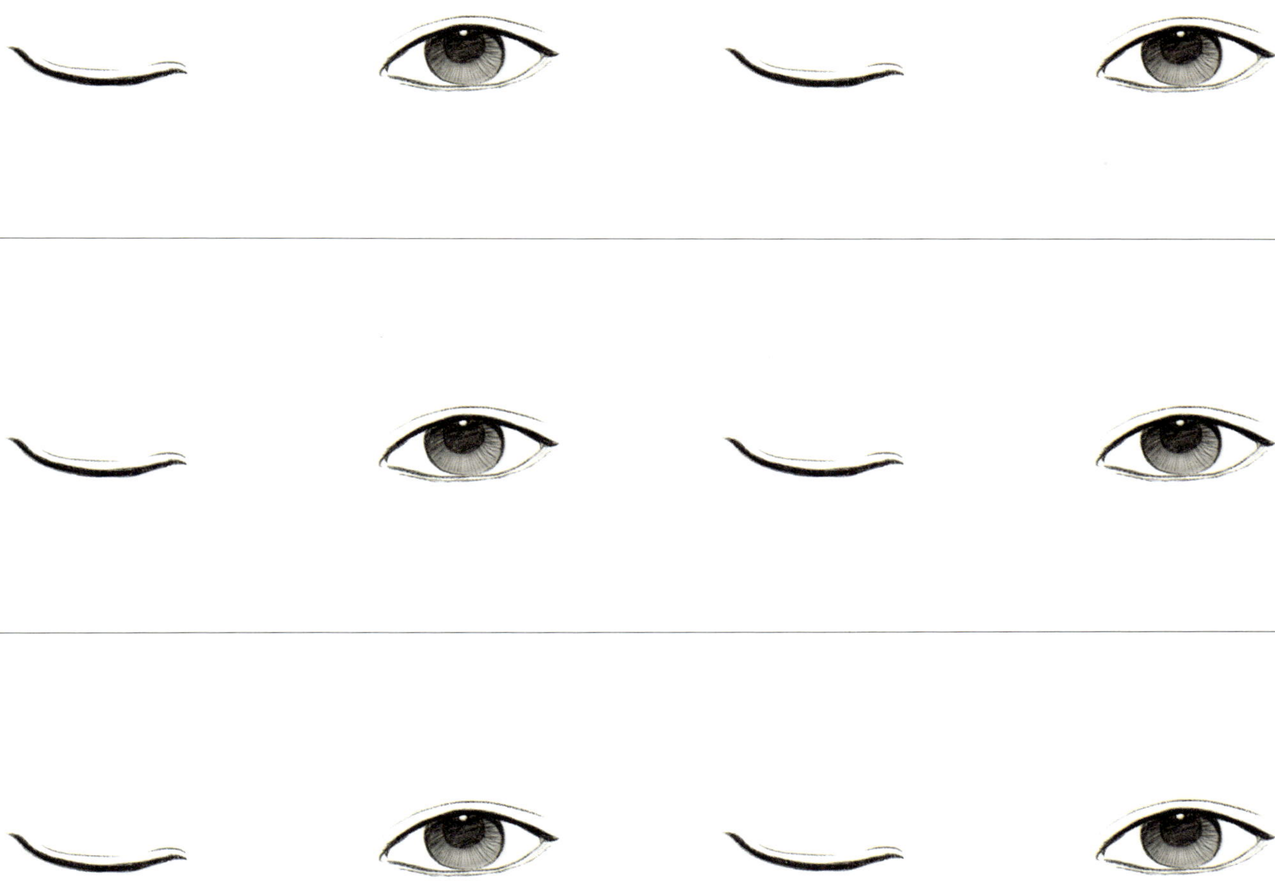

Eye Shadow - 세로 펴 바르기

① 눈두덩이까지 펴 바르기	② 그라데이션 색상 바르기	③ 포인트 색상 바르기	④ 눈 밑 바르기

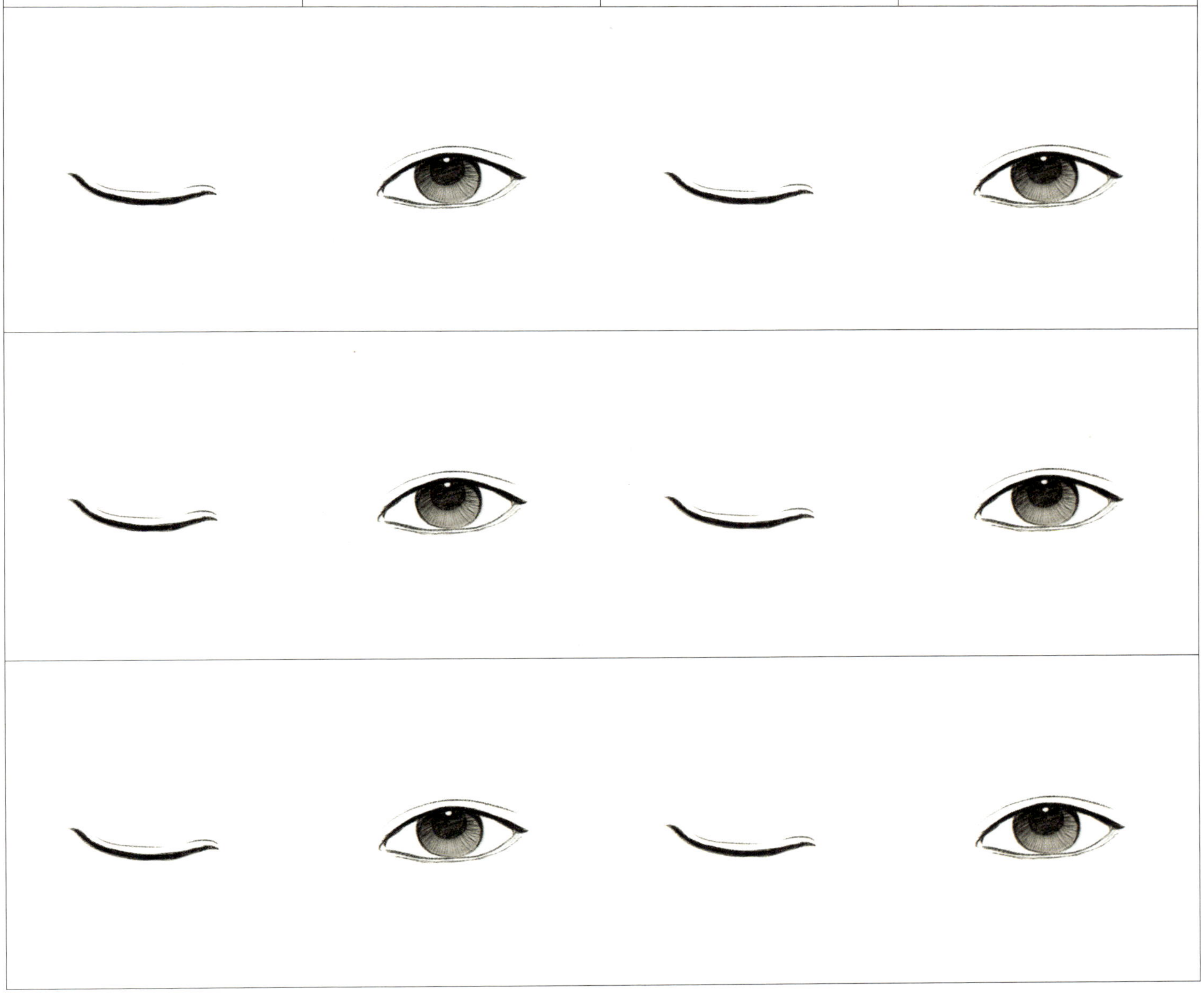

Eye Shadow - 세미 스모키

① 눈두덩이까지 펴 바르기	② 그라데이션 색상 바르기	③ 포인트 색상 바르기	④ 눈 밑 바르기

Eye Shadow - 알로 기법

① 눈두덩이까지 펴 바르기	② 그라데이션 색상 바르기	③ 포인트 색상 바르기	④ 눈 밑 바르기

Eye Shadow - 닫힌 홀 기법

① 눈두덩이까지 펴 바르기	② 그라데이션 색상 바르기	③ 포인트 색상 바르기	④ 눈 밑 바르기

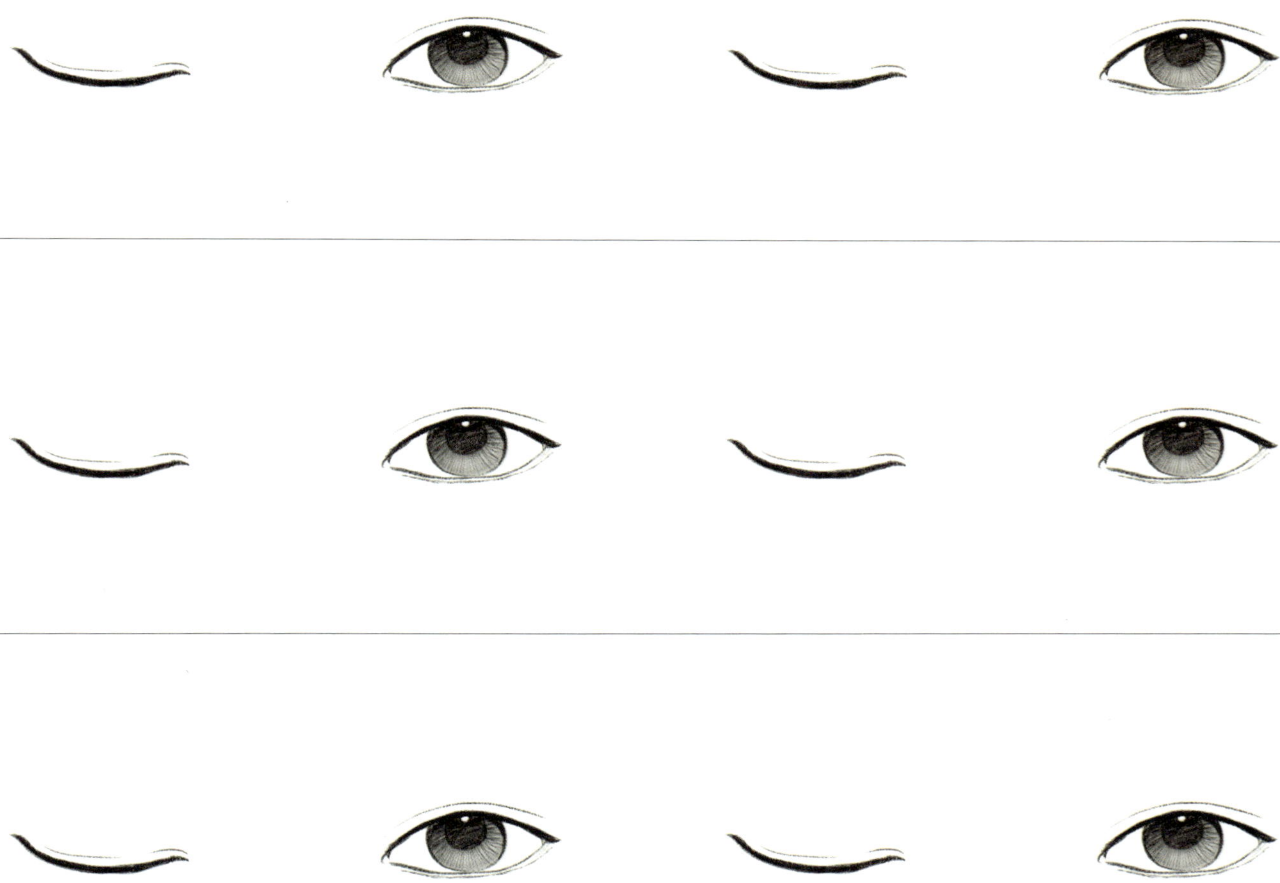

Eye Shadow - 열린 홀 기법

① 홀 선 잡기	② 홀 선 위로 그라데이션	③ 포인트 색상 바르기	④ 눈 밑 바르기

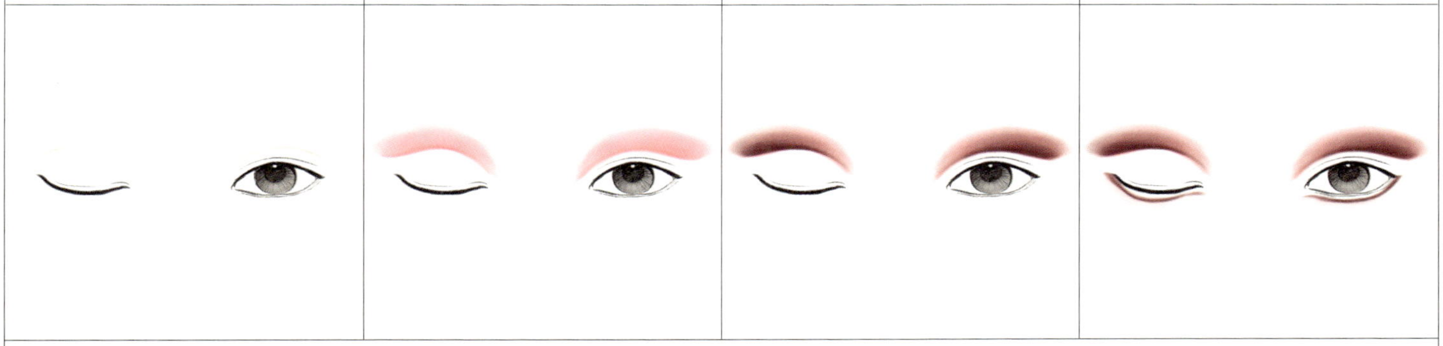

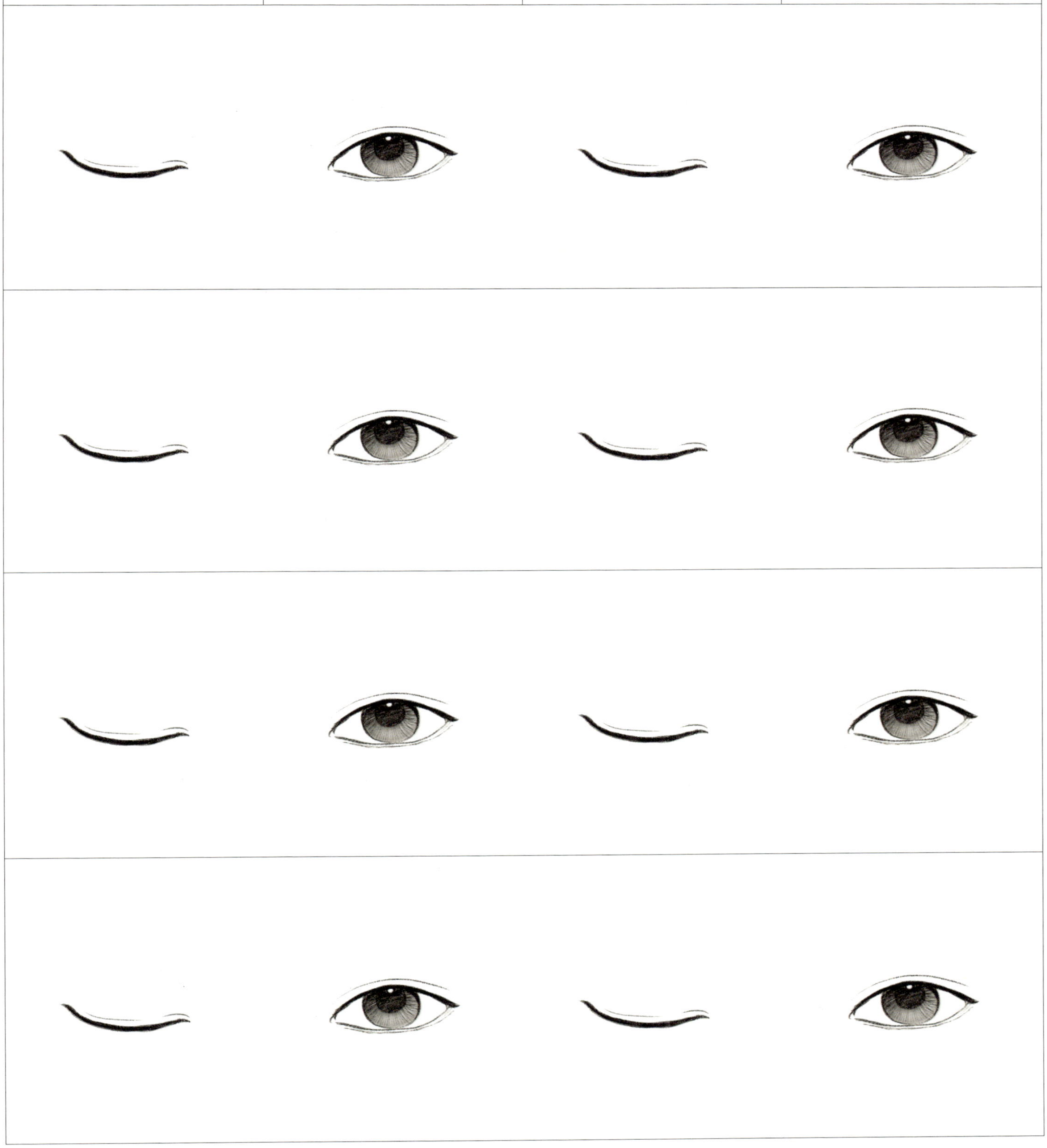

Chapter 7 Blusher Style

원형

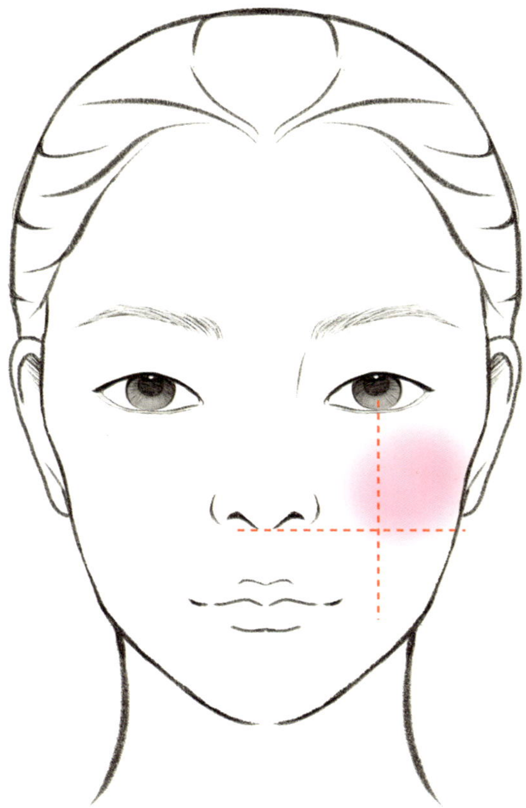

수평형

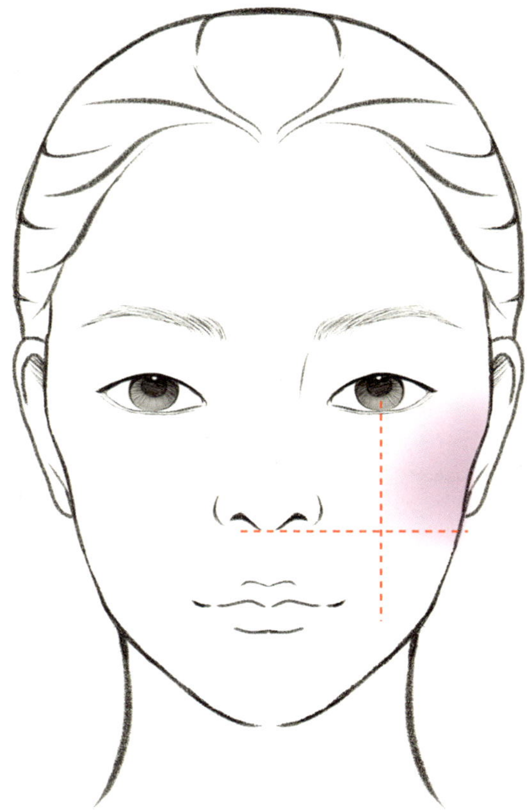

턱 끝 방향 사선형

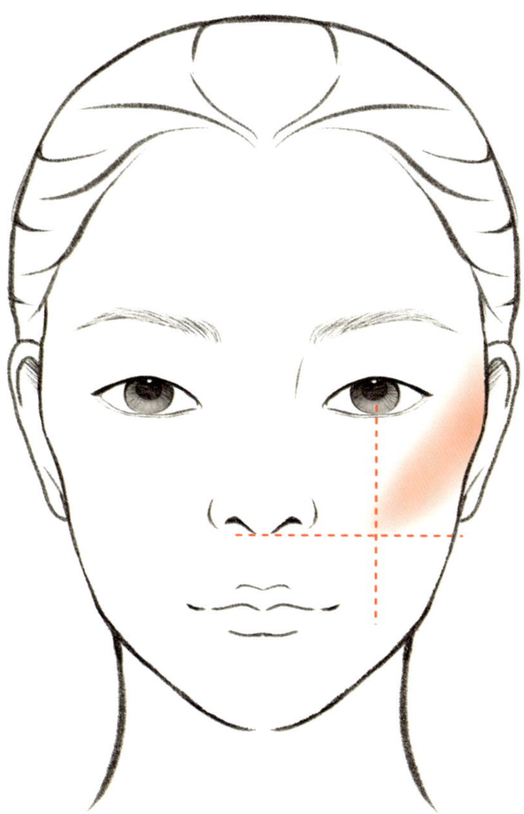

입 끝 방향 사선형

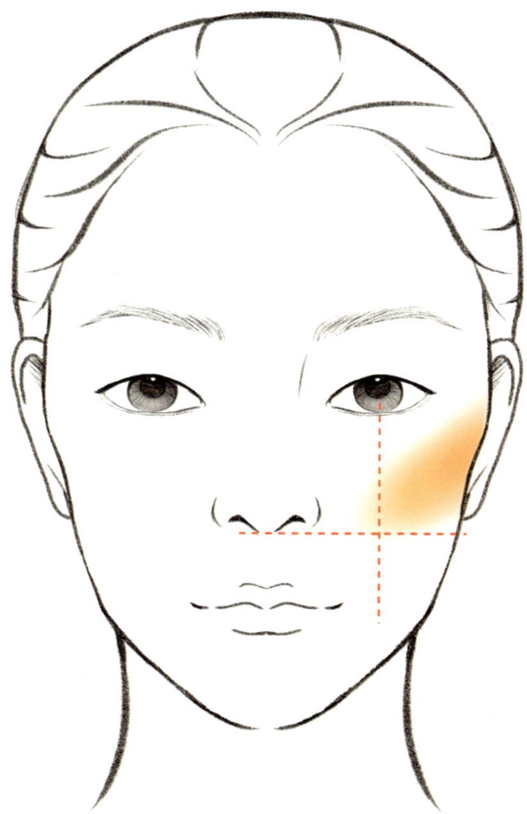

Blusher - 원형

Blusher - 수평형

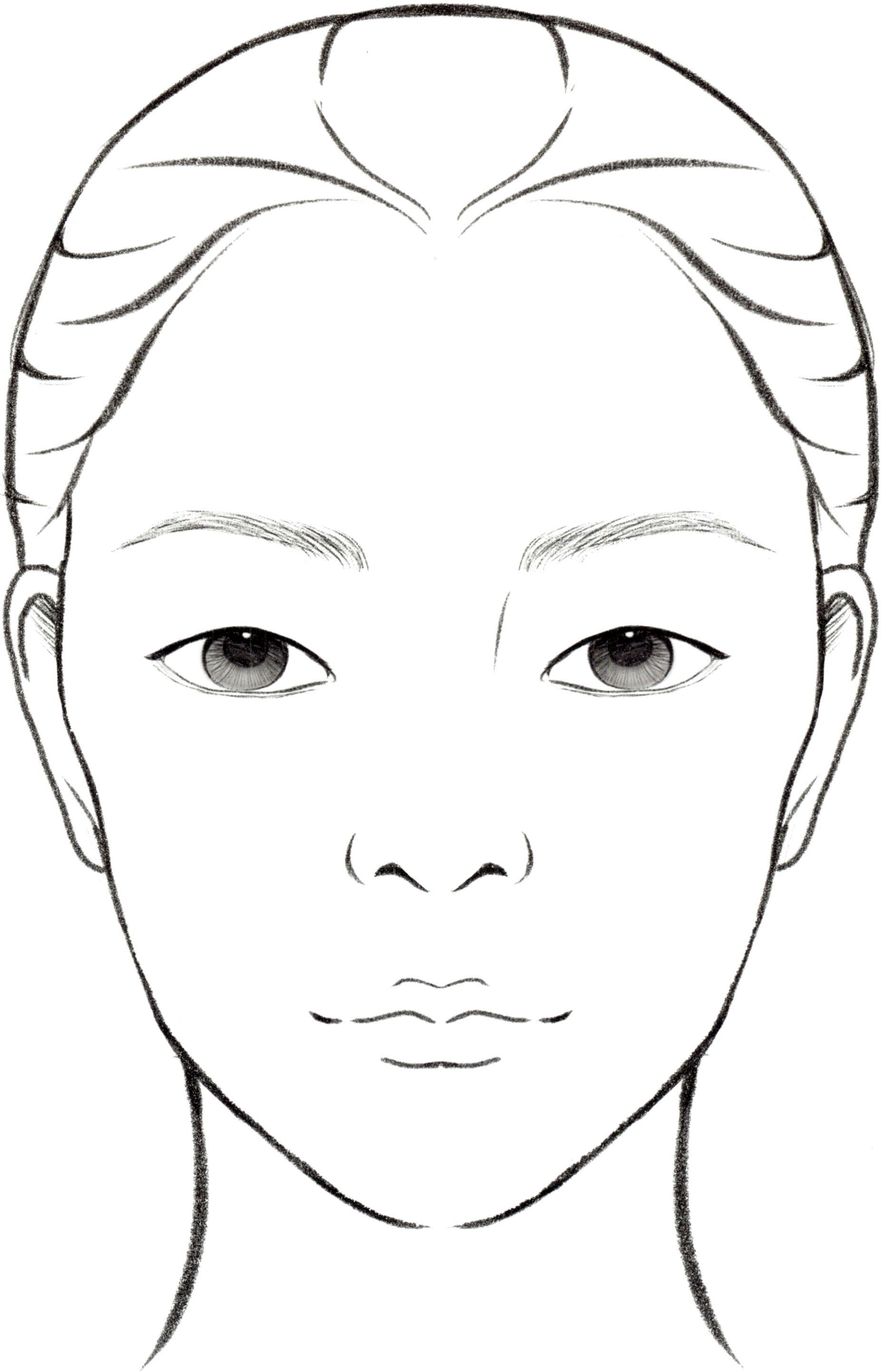

Blusher - 턱 끝 방향 사선형

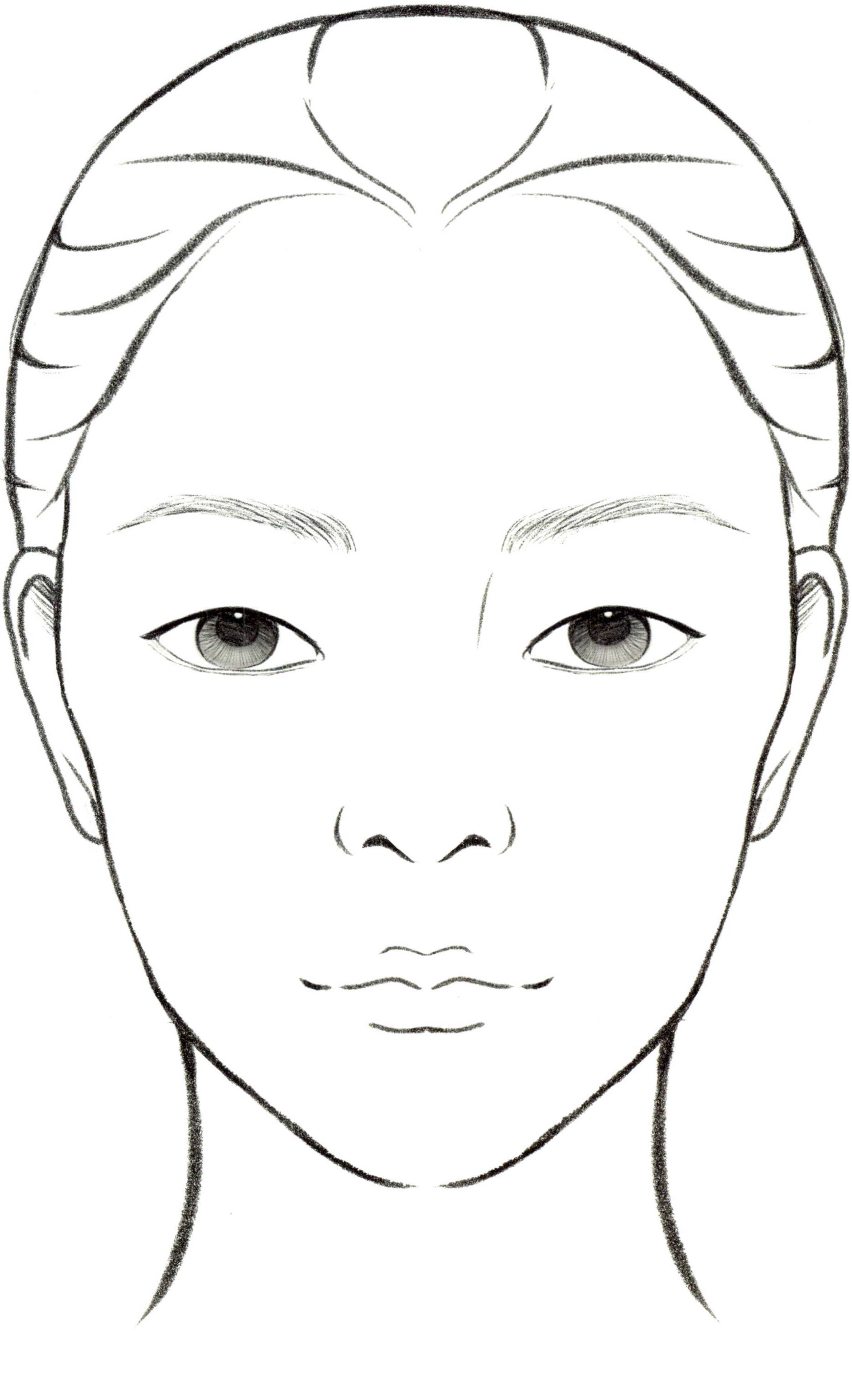

Blusher - 입 끝 방향 사선형

Chapter 8 Lip Style

기본 입술

① 기본 입술	② 입술 기준 잡기	③ 구각 연결	④ 색상

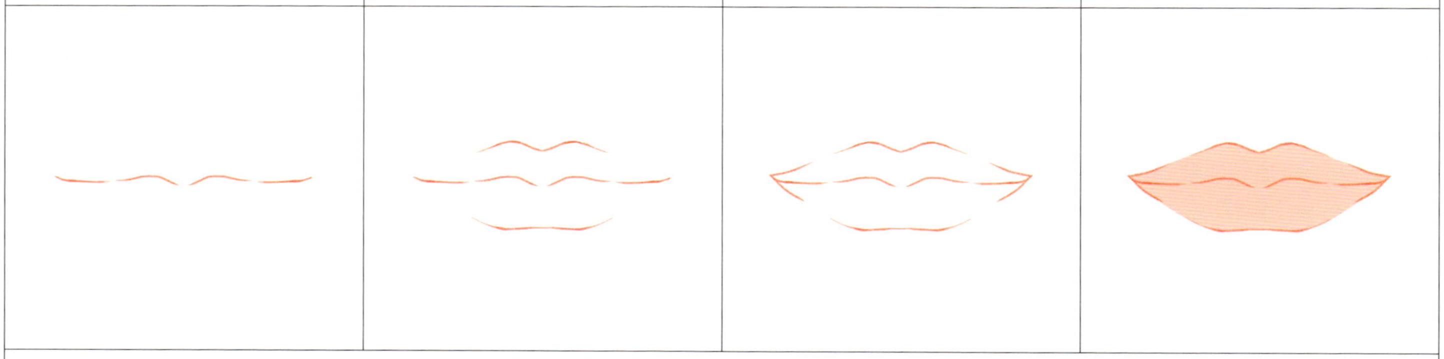

In curve : 기본 입술 형태보다 1mm~2mm정도 안으로 작게 그리는 입술 형태

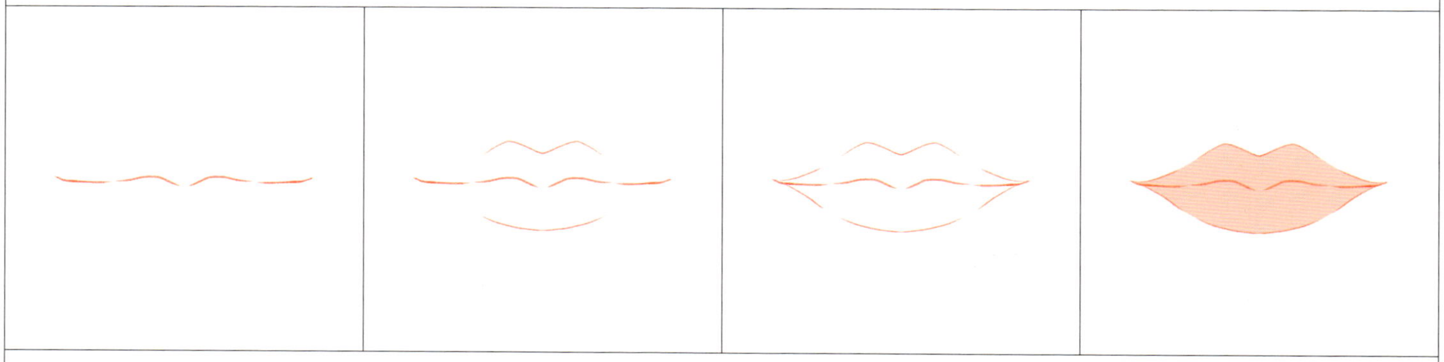

Out curve : 기본 입술 형태보다 1mm~2mm정도 밖으로 크게 그리는 입술 형태

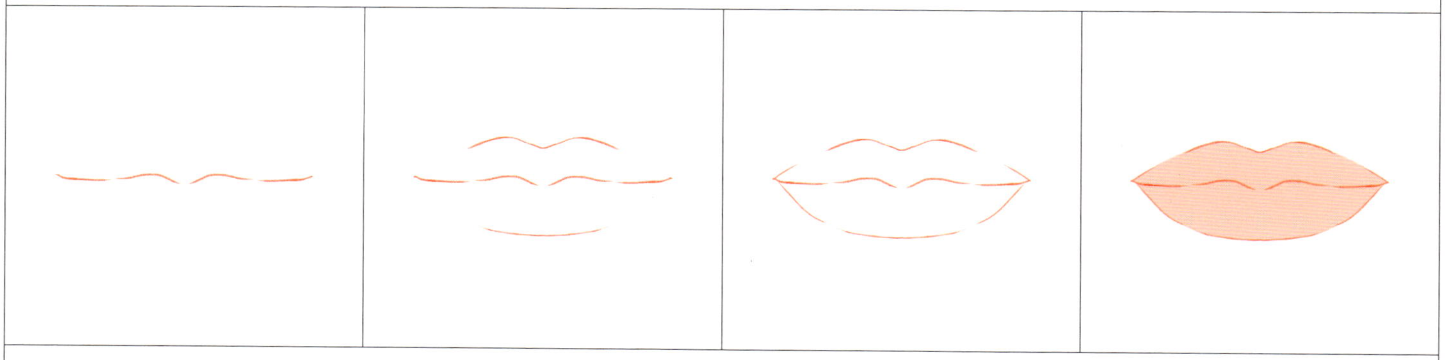

Straight curve : 입술 형태를 직선으로 잡아서 그리는 입술 형태

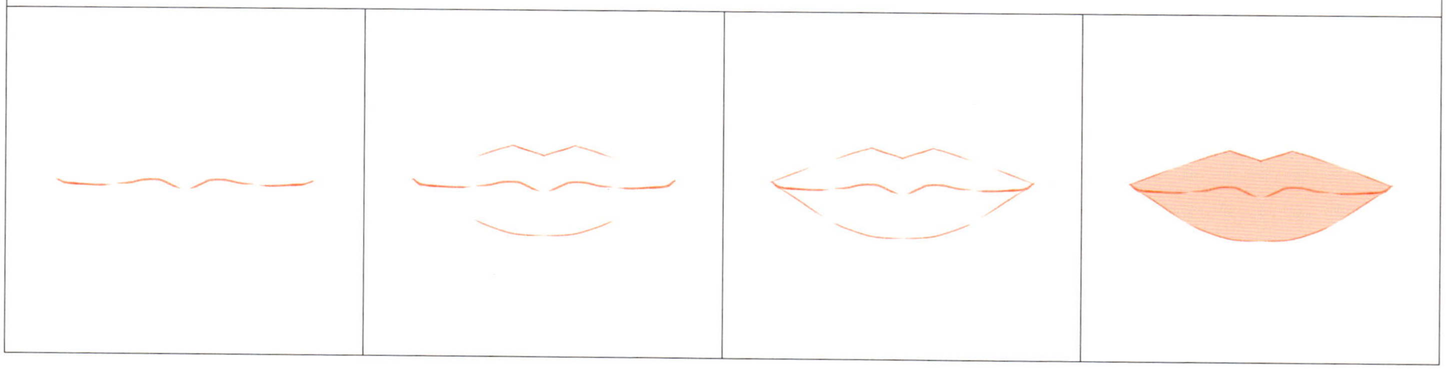

Lip - 기본 입술

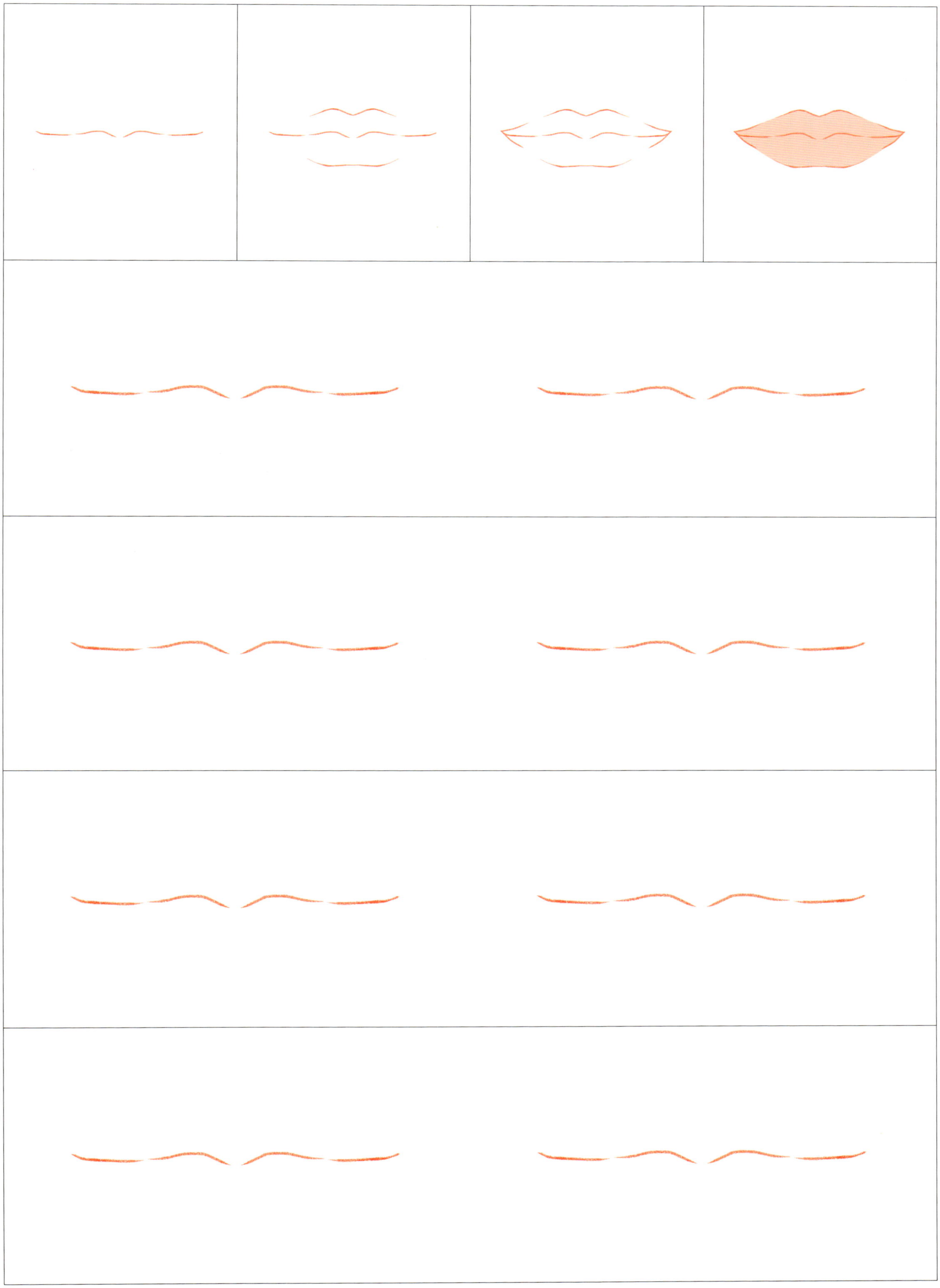

Lip - In curve

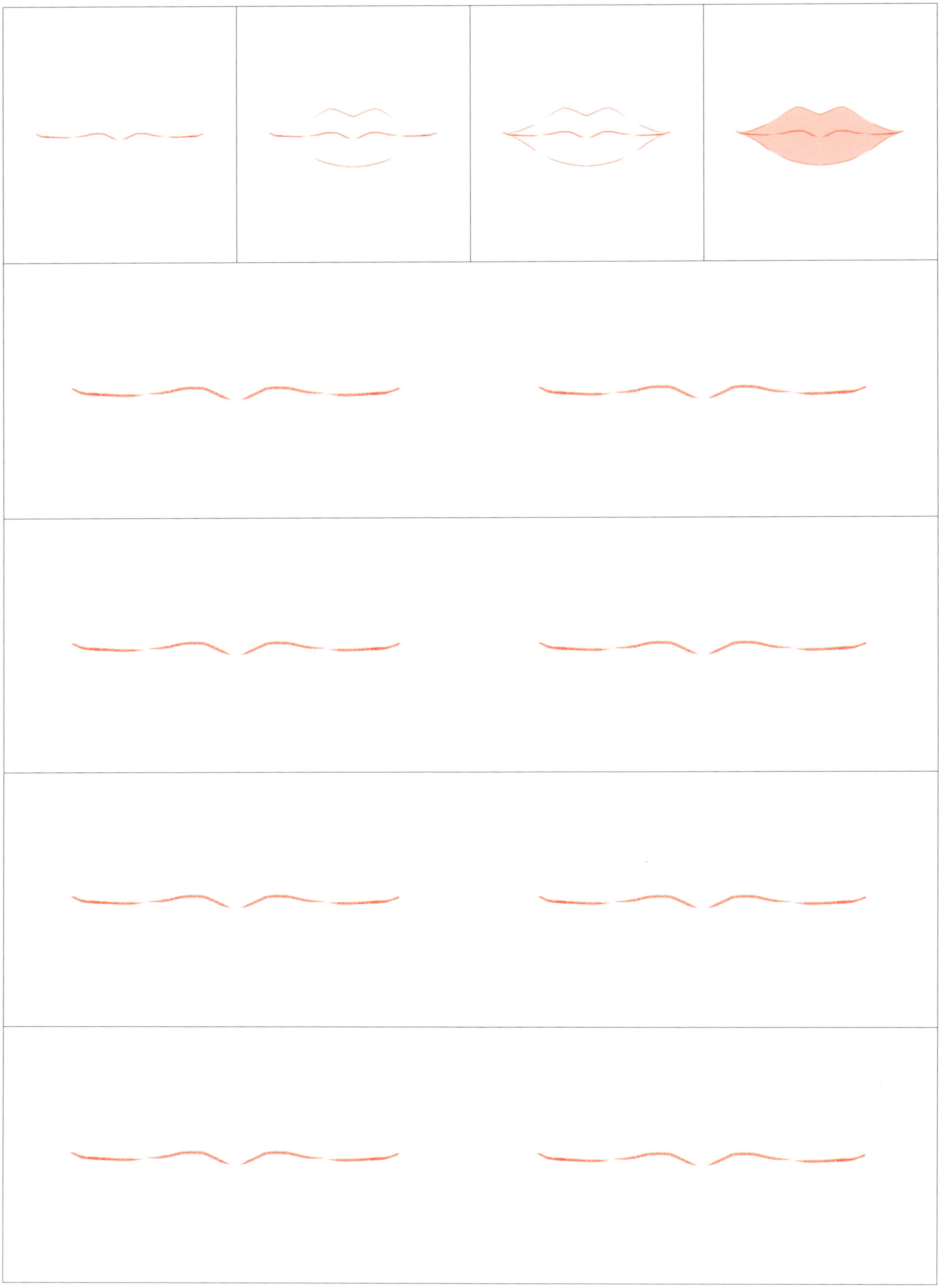

Lip – Out curve

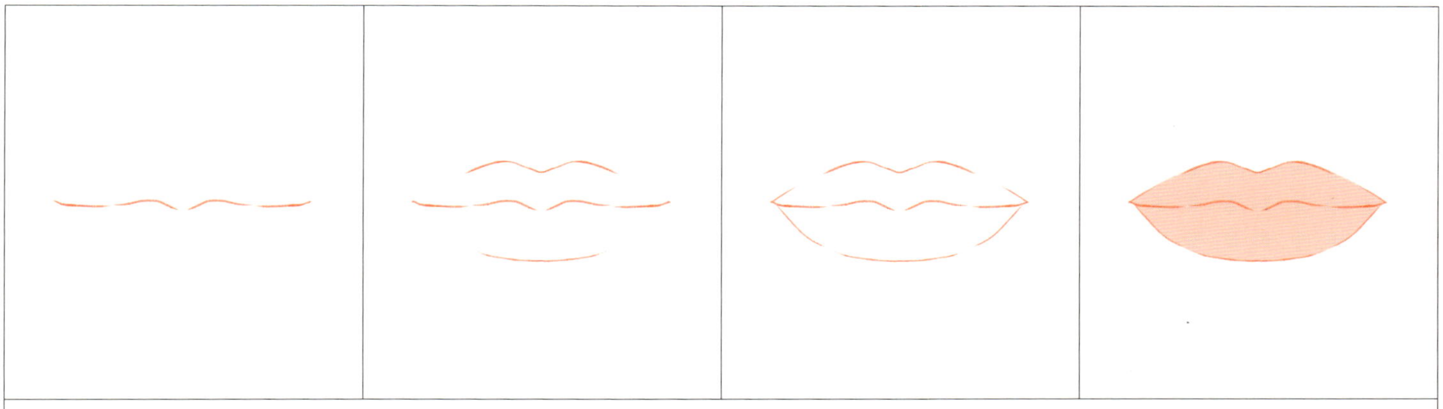

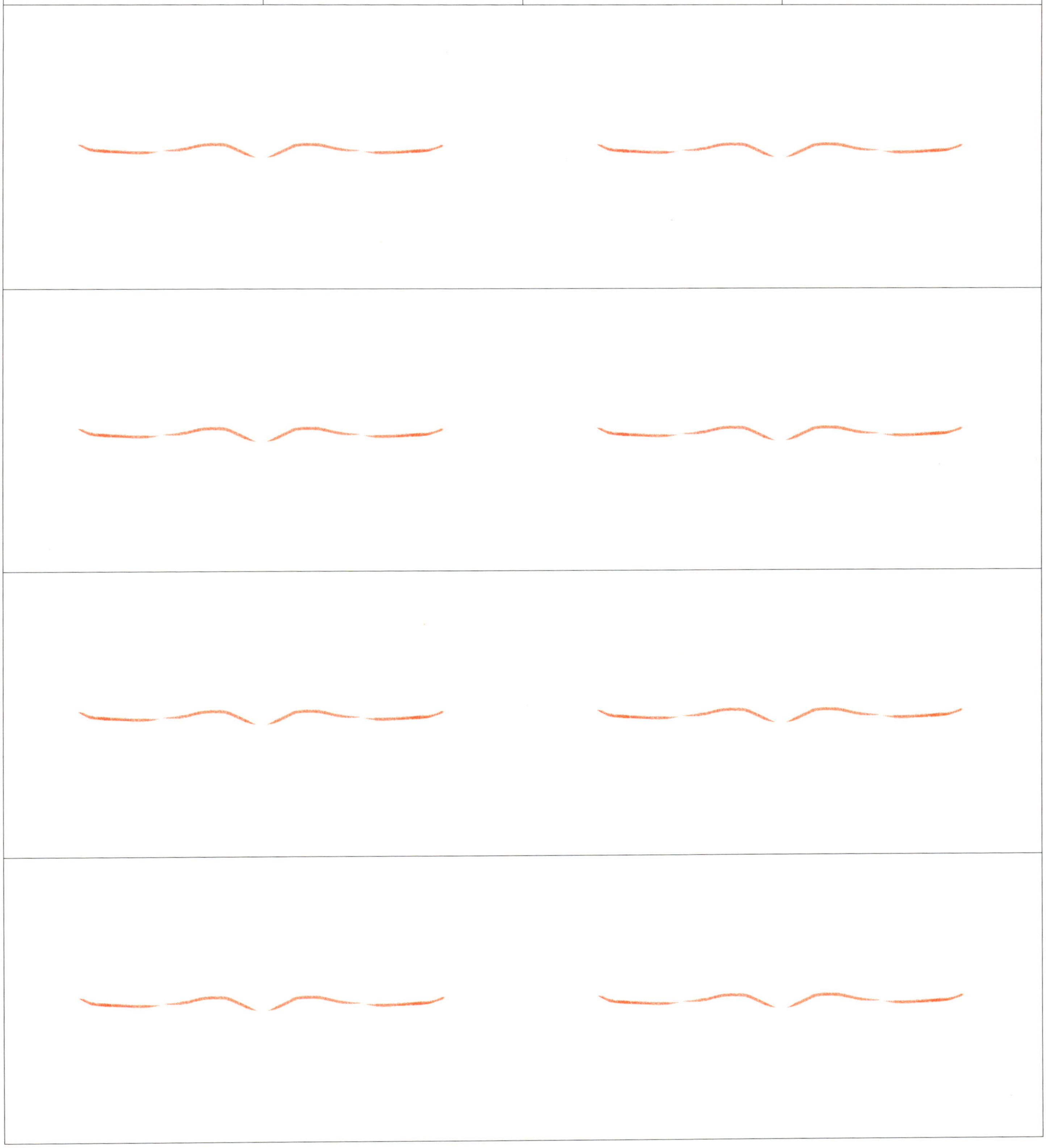

Lip - Straight curve

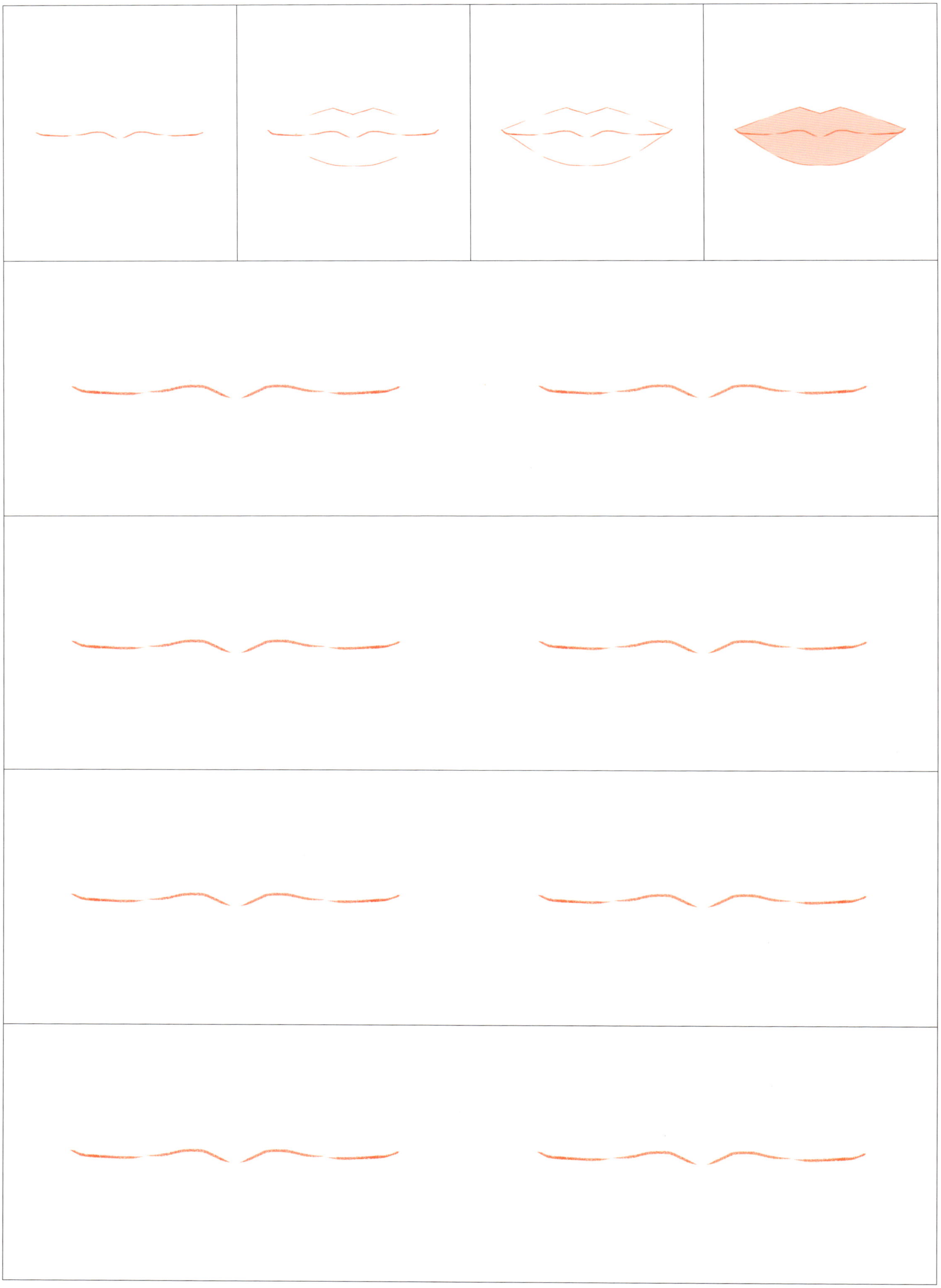

Chapter 9

미용사(메이크업) 국가기술자격 실기시험 연습

미용사(메이크업) 국가기술자격 실기시험과제 구성

미용사(메이크업) 과제 유형(2시간 35분)

과제 유형	제1과제 (40분) 뷰티 메이크업
작업대상	모델
세부과제	① 웨딩(로맨틱)
	② 웨딩(클래식)
	③ 한복
	④ 내츄럴
배점	30

과제 유형	제2과제 (40분) 시대 메이크업
작업대상	모델
세부과제	① 현대 1: 1930년대(그레타 가르보)
	② 현대 2: 1950년대(마릴린 먼로)
	③ 현대 3: 1960년대(트위기)
	④ 현대 4: 1970~1980년대(펑크)
배점	30

과제 유형	제3과제 (50분) 캐릭터 메이크업
작업대상	모델
세부과제	① 이미지(레오파드)
	② 무용(한국)
	③ 무용(발레)
	④ 노역(추면)
배점	25

과제 유형	제4과제 (25분) 속눈썹 익스텐션 및 수염
작업대상	마네킹
세부과제	① 속눈썹 익스텐션(왼쪽)
	② 속눈썹 익스텐션(오른쪽)
	③ 미디어 수염
배점	15

뷰티 메이크업 : 웨딩(로맨틱)

Base Make-up	• 원래 피부 톤보다 한 톤 밝게 파운데이션 처리
	• 하이라이트와 섀딩으로 윤곽 처리
	• 파우더로 가볍게 마무리
Eye Brow	• 흑갈색 사용
	• 눈썹 산이 각지지 않게 둥근 느낌의 눈썹 표현
Eye Shadow	• 펄이 약간 가미된 연 핑크 색상으로 눈두덩이와 언더 라인 전체에 펴 바름
	• 연보라 색상 아이섀도로 아이라인 주변을 짙게 바르고 자연스럽게 그라데이션
	• 눈꼬리 언더 라인 1/2~1/3까지 그라데이션
	• 아이섀도 연출 시 아이홀 라인의 경계가 생기지 않게 그라데이션
Eye Line	• 아이라이너로 속눈썹 사이를 메꿈
	• 눈매를 아름답게 교정
Eyelash	• 뷰러를 이용하여 자연 속눈썹을 컬링
	• 모델 눈에 맞춰 붙인 후 마스카라
Cheek	• 핑크 색상 사용
	• 애플 존 위치에 둥근 느낌으로 바름
Lip	• 핑크 색상으로 입술 안쪽을 짙게 바름
	• 바깥으로 그라데이션 한 후 립글로스로 촉촉하게 마무리

Eye Brow	Eye Shadow	Cheek	Lip

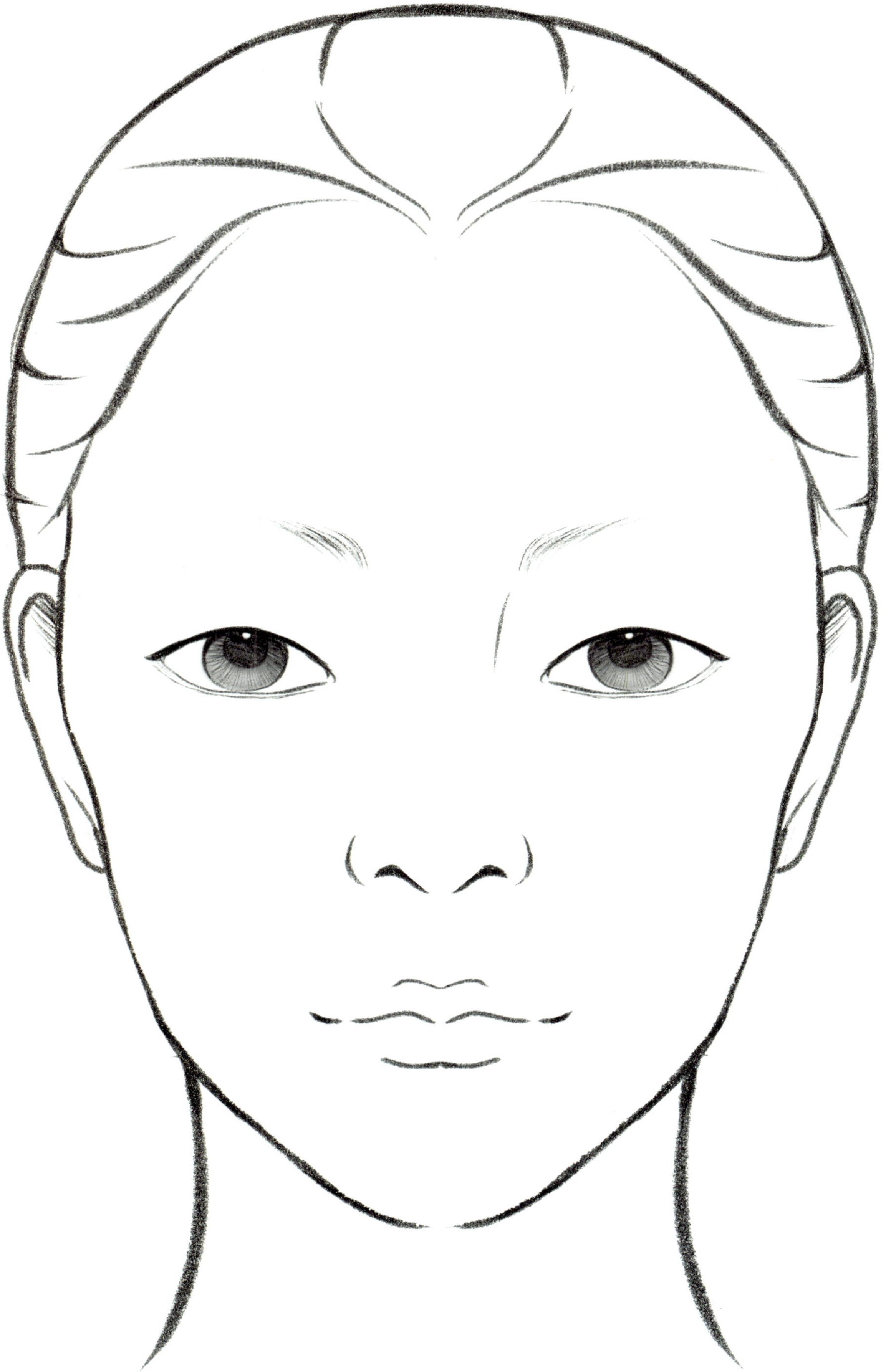

Eye Brow

Eye Shadow

Cheek

Lip

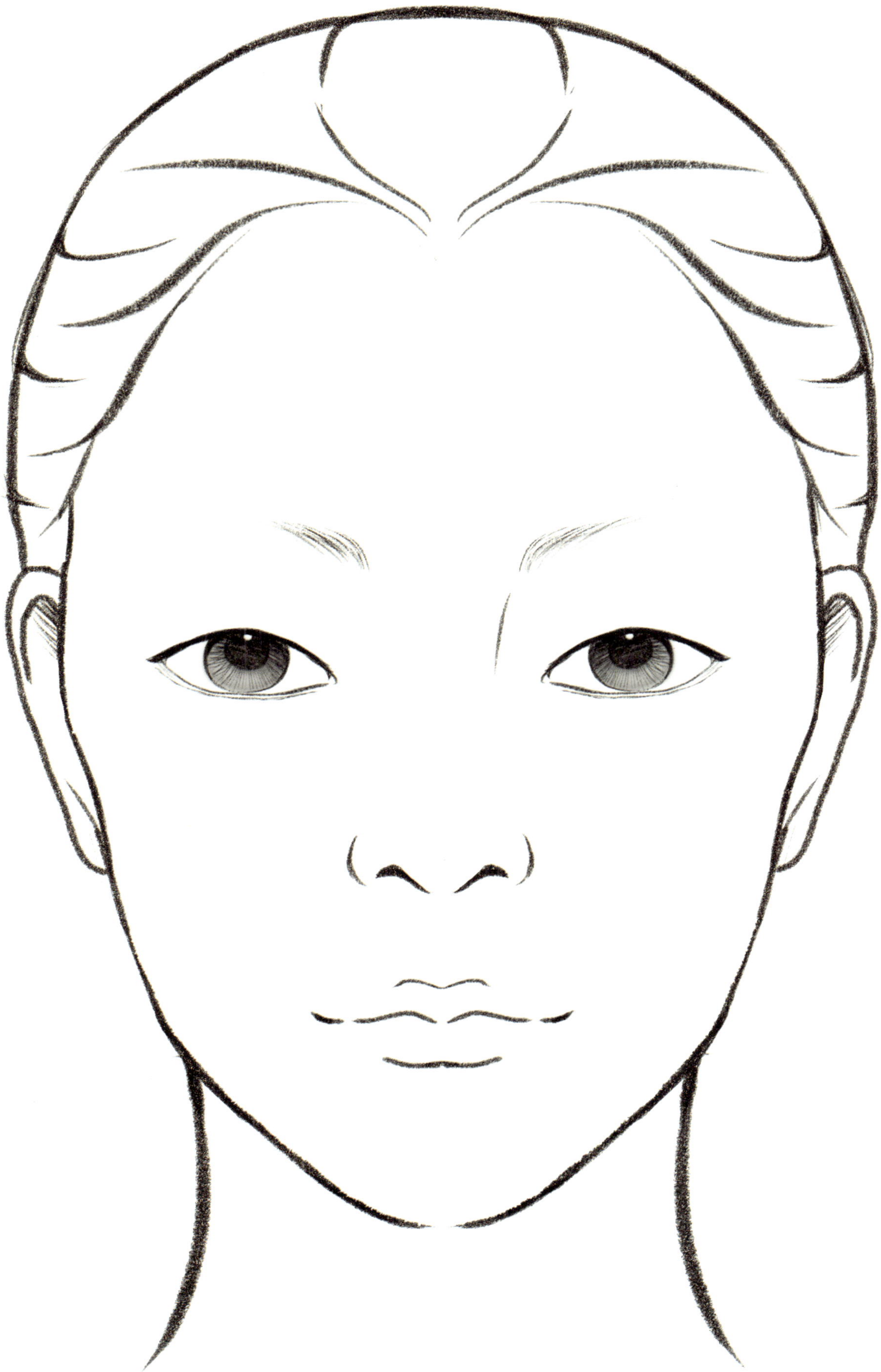

Eye Brow

Eye Shadow

Cheek

Lip

뷰티 메이크업: 웨딩(클래식)

Base Make-up	• 원래 피부 톤에 맞춰 파운데이션 처리
	• 결점 커버한 후, 하이라이트와 섀딩으로 윤곽 처리
	• 파우더로 매트하게 마무리
Eye Brow	• 흑갈색 사용
	• 눈썹 산이 약간 각지게 눈썹 표현
Eye Shadow	• 피치 색상으로 눈두덩이 전체에 펴 바름
	• 브라운 색상으로 속눈썹 라인에 깊이감을 주고, 눈두덩이 위로 펴 바름
	• 눈 앞머리의 위, 아래에는 골드 펄을 발라 화려함 연출
	• ※ 아이섀도 연출 시 아이홀 라인의 경계가 생기지 않게 그라데이션
Eye Line	• 아이라이너로 속눈썹 사이를 메꿈
	• 눈매를 아름답게 교정
Eyelash	• 뷰러를 이용하여 자연 속눈썹을 컬링
	• 인조 속눈썹은 뒤쪽이 긴 스타일 연출 후 마스카라
Cheek	• 피치 색상 사용
	• 광대뼈 바깥에서 안쪽으로 블렌딩
Lip	• 베이지 핑크 색상 사용
	• 입술 선을 선명하게 표현

Eye Brow

Eye Shadow

Cheek

Lip

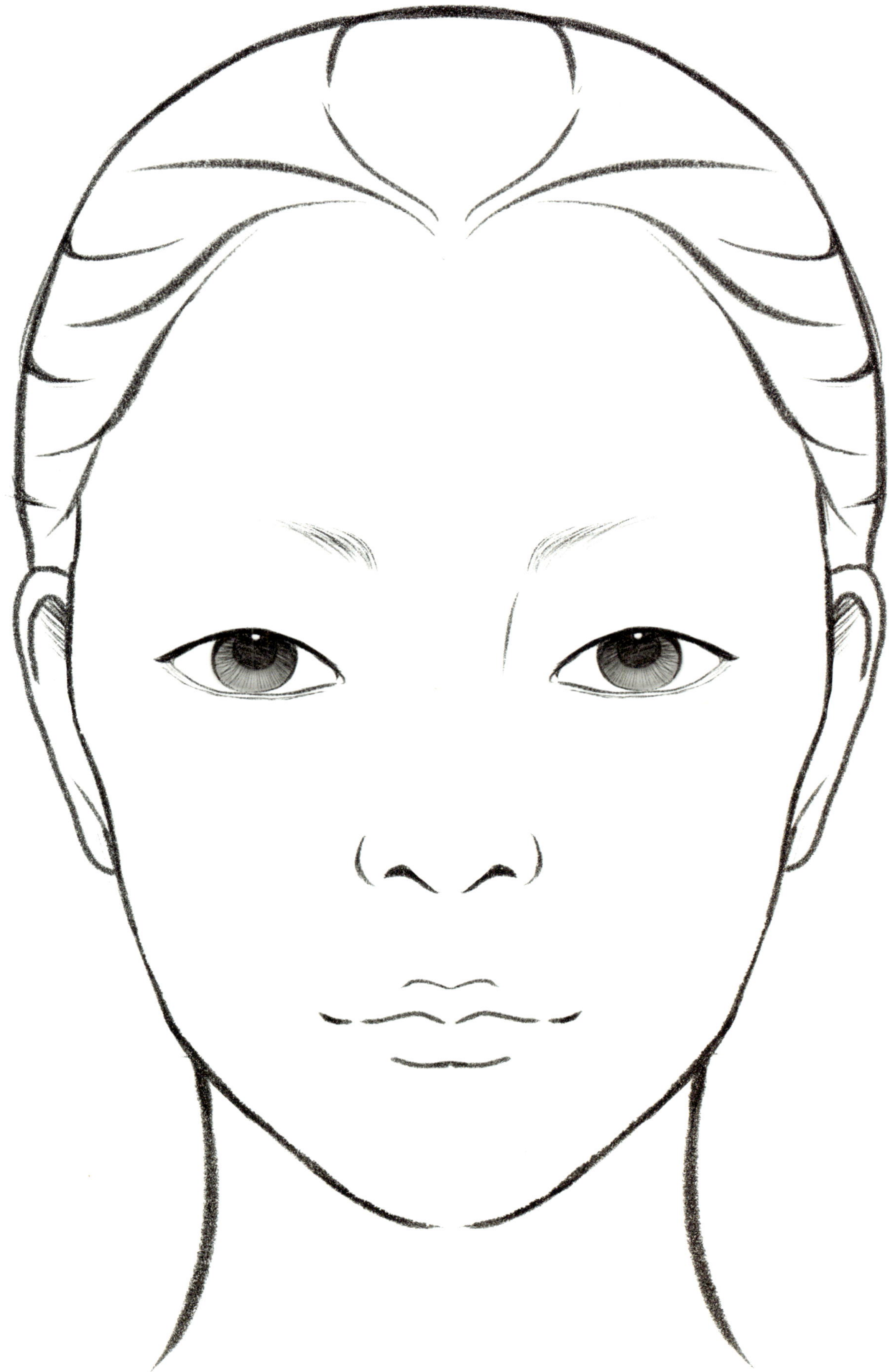

Eye Brow

Eye Shadow

Cheek

Lip

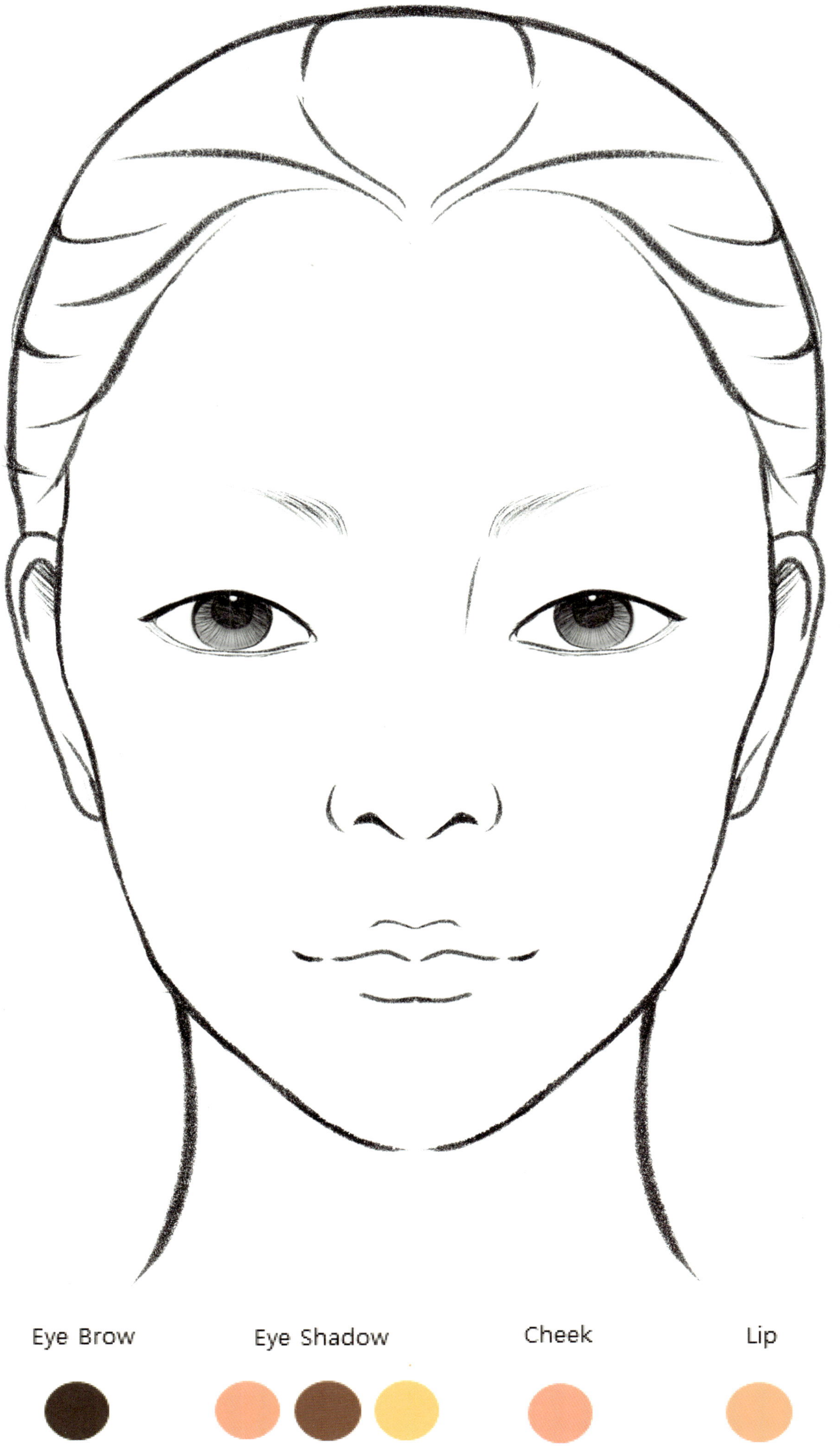
Eye Brow
Eye Shadow
Cheek
Lip

뷰티 메이크업: 한복

Base Make-up	• 원래 피부 톤에 맞춰 파운데이션 처리
	• 결점 커버한 후, 하이라이트와 섀딩으로 윤곽 처리
	• 파우더로 가볍게 마무리
Eye Brow Eye Brow	• 자연스러운 브라운 색상의 눈썹 표현
	• 모델의 눈썹 모양에 맞춰서 그림
Eye Shadow	• 펄이 약간 섞인 피치색으로 눈두덩이와 언더 라인 전체에 펴 바름
	• 브라운 색상 아이섀도로 아이라인 주변을 짙게 바름
	• 눈두덩이 위로 자연스럽게 그라데이션
	• 눈꼬리 언더 라인 1//2~1/3까지 그라데이션
	• 언더 라인에는 밝은 크림색 섀도를 덧발라 애교 살이 돋보이게 함
	• ※ 아이섀도 연출 시 아이홀 라인의 경계가 생기지 않게 그라데이션
Eye Line	• 아이라이너로 속눈썹 사이를 메꿈
	• 눈매를 아름답게 교정
Eyelash	• 뷰러를 이용하여 자연 속눈썹을 컬링
	• 인조 속눈썹은 모델 눈에 맞춰 붙인 후 마스카라
Cheek	• 오렌지 계열
	• 광대뼈 위쪽에 안에서 바깥쪽으로 블렌딩
Lip	• 오렌지 레드 색상
	• 입술 라인을 선명하게 표현

Eye Brow

Eye Shadow

Cheek

Lip

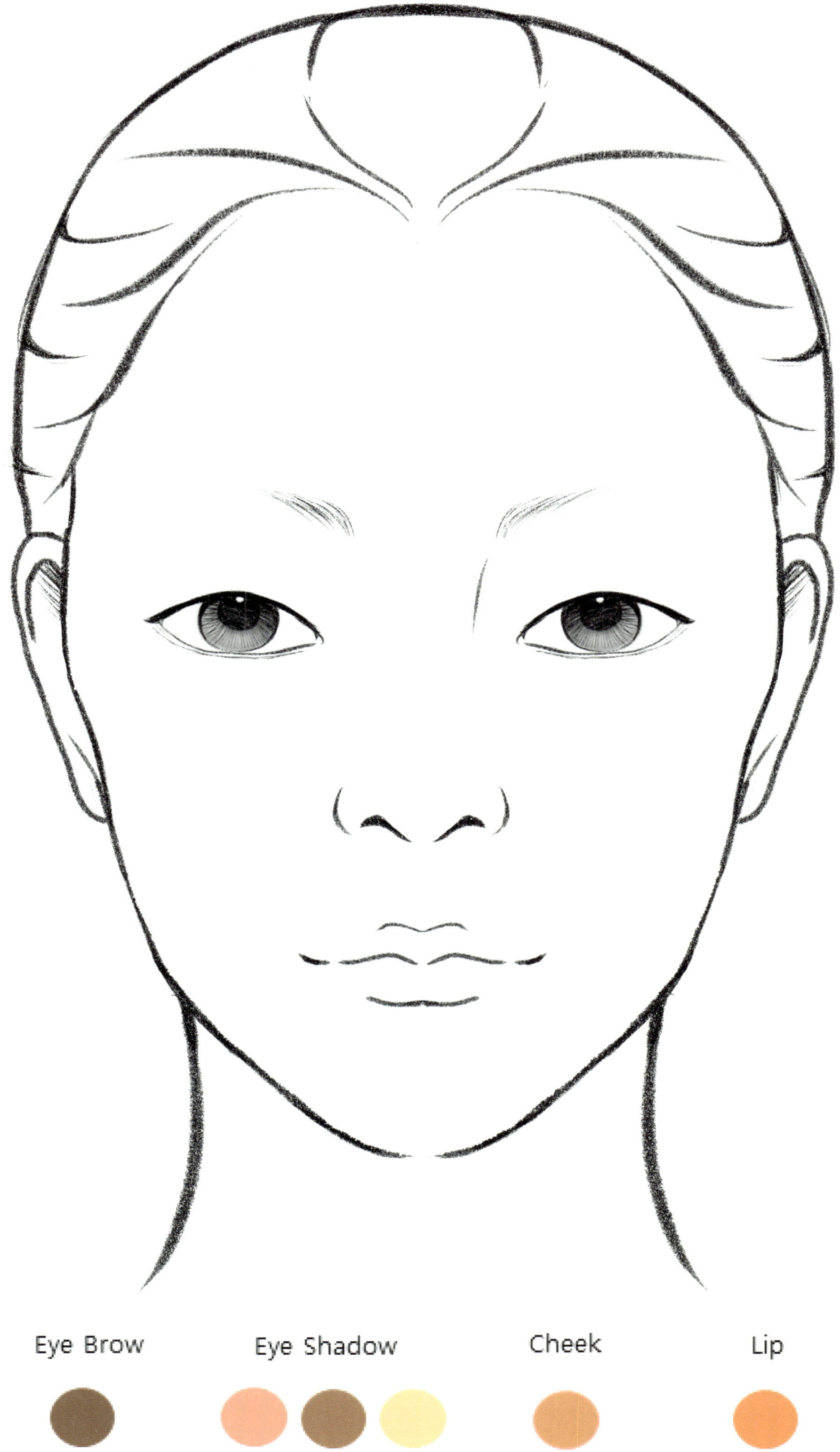
Eye Brow
Eye Shadow
Cheek
Lip

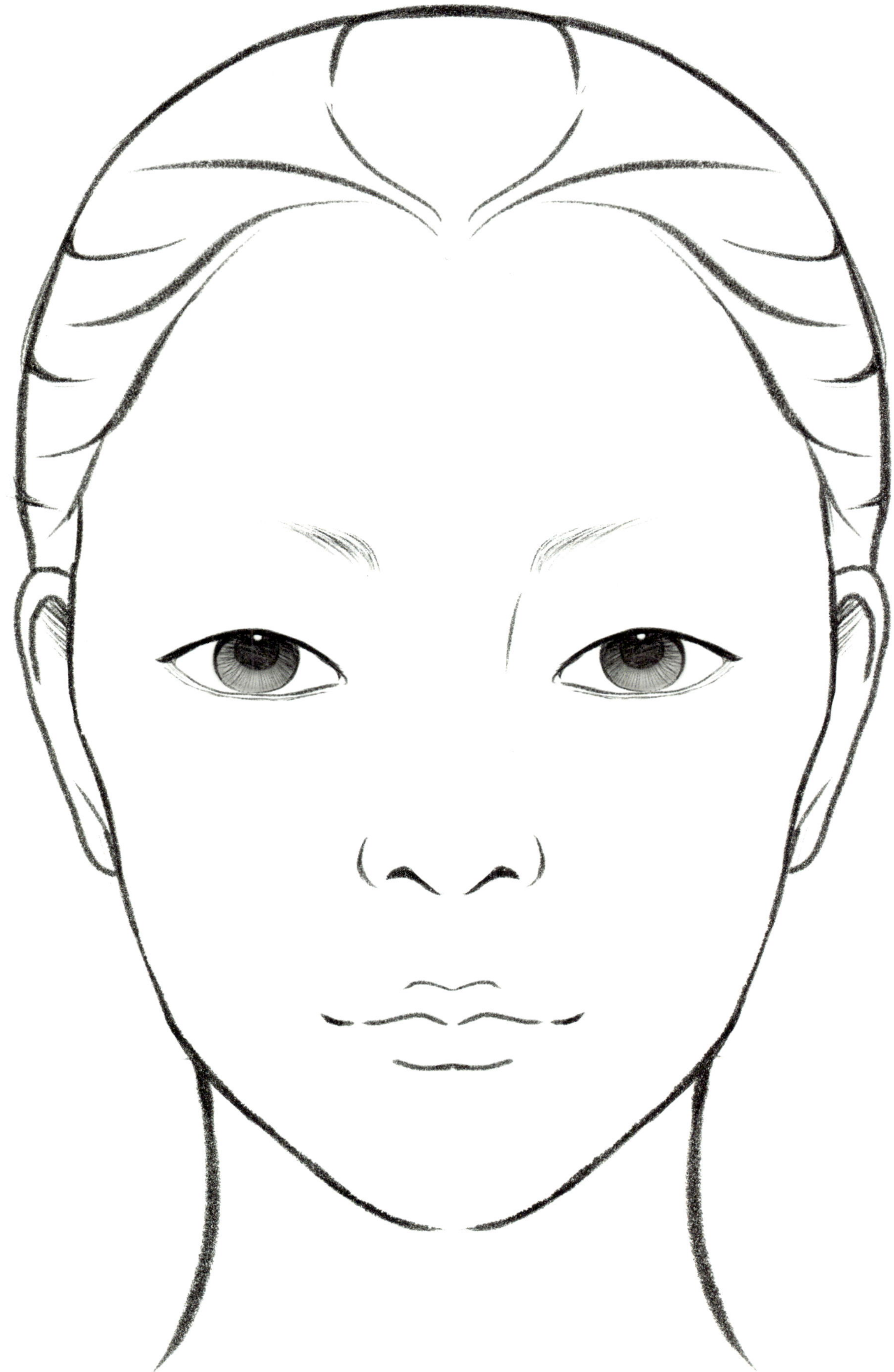

Eye Brow | Eye Shadow | Cheek | Lip

뷰티 메이크업: 내추럴

Base Make-up	• 모델 피부 톤 비슷한 색상의 리퀴드 파운데이션을 두껍지 않게 골고루 펴 바름
	• 결점 커버를 위한 컨실러 등 사용
	• 투명 파우더로 가볍게 마무리
Eye Brow	• 모델의 눈썹 결을 최대한 살려 자연스럽게 표현
Eye Shadow	• 펄이 없는 베이지색으로 눈두덩이와 언더 라인 전체에 바름
	• 브라운 색상으로 아이라인 주변을 바름
	• 눈두덩이 위로 자연스럽게 그라데이션
	• 눈꼬리 언더 라인 1/2~1/3까지 그라데이션
	• ※ 아이섀도 연출 시 아이홀 라인의 경계가 생기지 않게 그라데이션
Eye Line	• 브라운 색상의 섀도 타입이나 펜슬 타입을 이용
	• 점막을 채우듯이 속눈썹 사이를 메꿈
	• 눈매를 자연스럽게 교정
Eyelash	• 뷰러를 이용하여 자연 속눈썹을 컬링
	• 속눈썹은 마스카라를 이용하여 자연스럽게 표현
Cheek	• 피치 색상
	• 광대뼈 안쪽에서 바깥쪽으로 블렌딩
Lip	• 베이지 핑크색
	• 자연스럽게 발라 마무리

Eye Brow Eye Shadow Cheek Lip

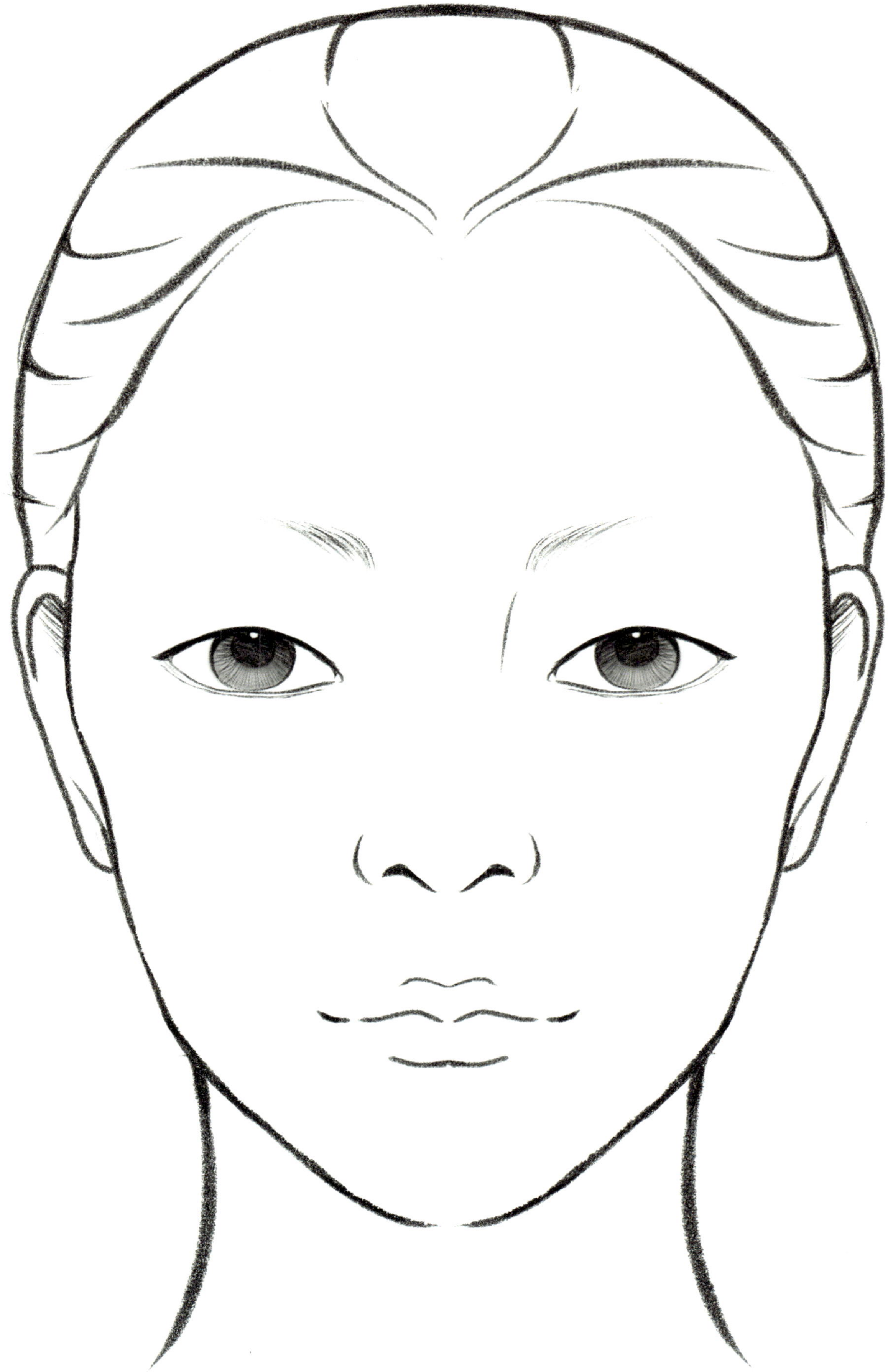

Eye Brow　Eye Shadow　Cheek　Lip

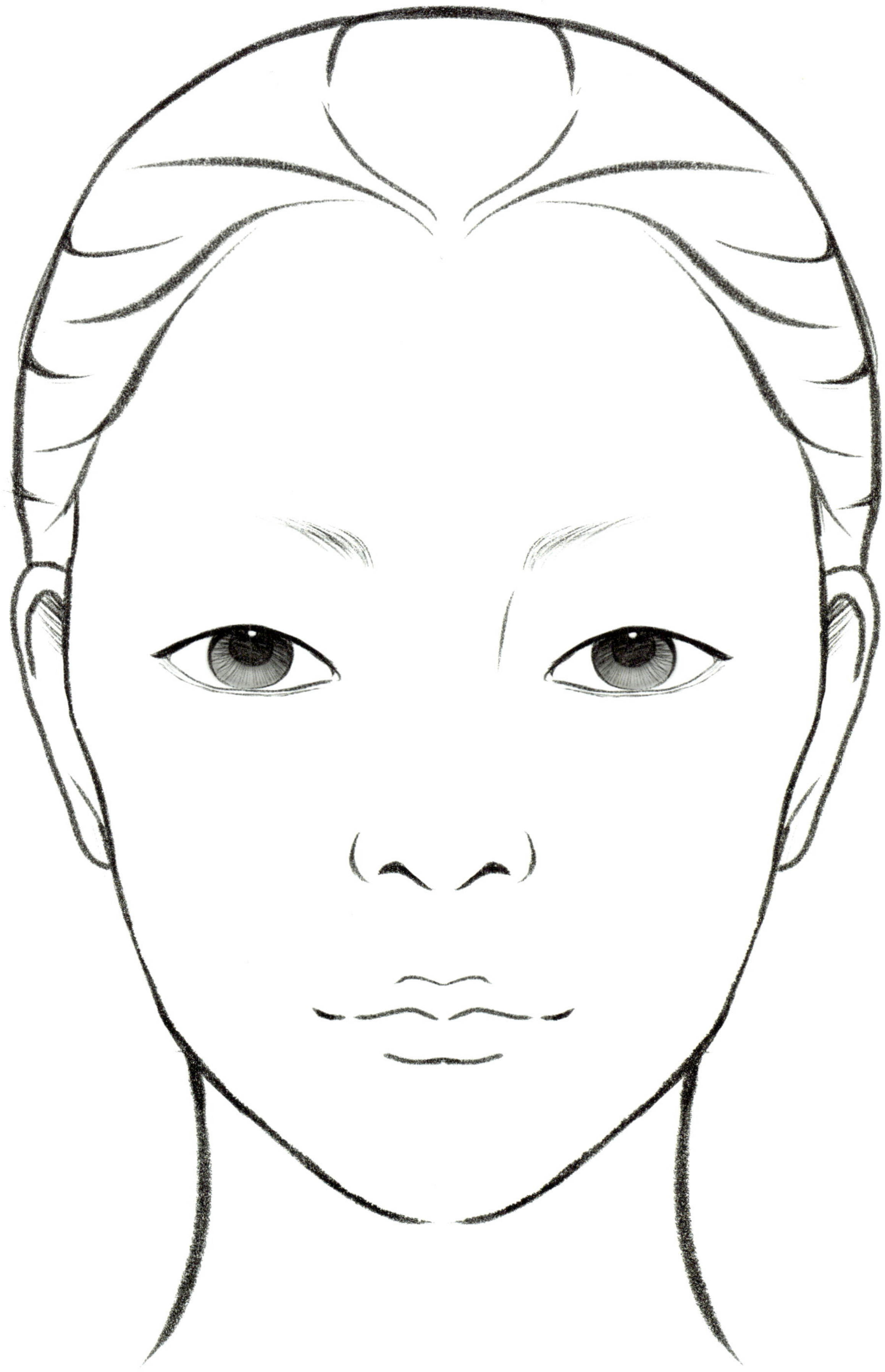

Eye Brow

Eye Shadow

Cheek

Lip

시대 메이크업: 현대 1: 1930년대(그레타 가르보)

Base Make-up	• 모델 피부 톤에 맞는 파운데이션 사용하여 결점 커버
	• 하이라이트와 섀딩으로 윤곽 처리
	• 파우더로 매트하게 마무리
Eye Brow	• 눈썹은 파운데이션(또는 눈썹 왁스 및 실러) 등을 사용하여 완벽하게 커버
	• 가늘고 긴 모양의 아치형태
Eye Shadow	• 펄이 없는 갈색계열 색상 사용
	• 아이홀을 잡고 위로 그라데이션
Eye Line	• 속눈썹 사이를 메꾸고 눈매를 교정
Eyelash	• 뷰러를 이용하여 자연 속눈썹을 컬링
	• 인조 속눈썹은 모델 눈에 맞춰 붙임
	• 깊고 그윽한 눈매 연출
Cheek	• 브라운 색상
	• 광대뼈 아래쪽을 강하게 표현
	• 얼굴 전체를 핑크톤으로 가볍게 쓸어 표현
Lip	• 적당한 유분기를 가진 레드 브라운 립 색상 사용
	• 인커브 형태

Eye Brow	Eye Shadow	Cheek	Lip

Eye Brow
Eye Shadow
Cheek
Lip

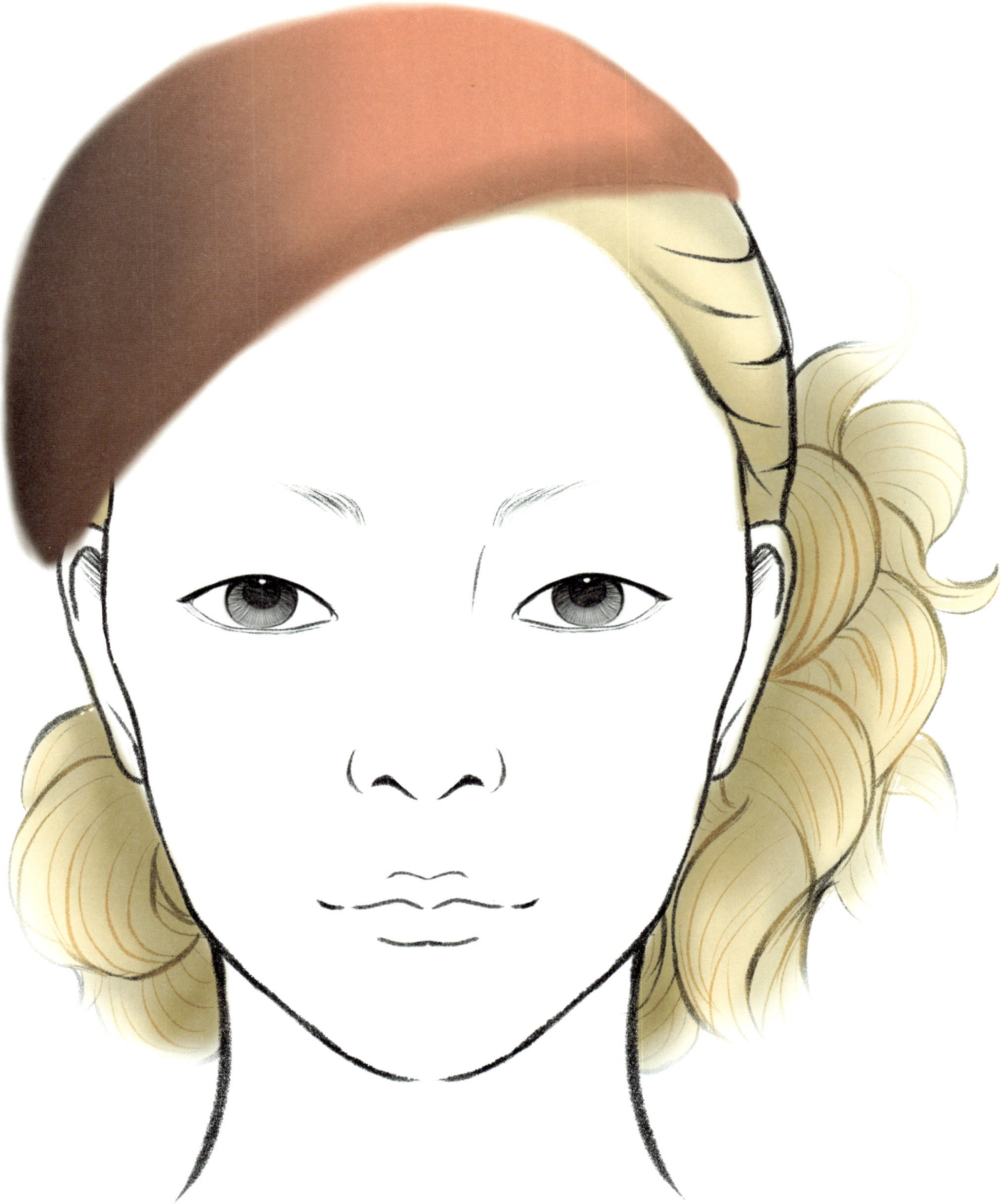

Eye Brow

Eye Shadow

Cheek

Lip

시대 메이크업: 현대 2: 1950년대(마릴린 먼로)

Base Make-up	• 모델 피부 톤보다 밝은 핑크톤의 파운데이션 사용
	• 하이라이트와 섀딩으로 윤곽 처리
	• 파우더로 매트하게 마무리
Eye Brow	• 브라운 색상
	• 양미간이 좁지 않은 각진 눈썹
Eye Shadow	• 눈두덩이를 중심으로 핑크와 베이지계열의 색상으로 아이홀을 표현하고 그라데이션
	• 아이홀 안쪽 눈꺼풀에 화이트 색상으로 입체감 표현
	• 언더에는 베이지계열의 섀도 사용
Eye Line	• 속눈썹 사이를 메꿈
	• 아이라인을 길게 뺀 형태의 눈매 표현
Eyelash	• 뷰러를 이용하여 자연 속눈썹을 컬링
	• 인조 속눈썹은 모델 눈보다 길게 뒤로 빼서 붙임
	• 깊고 그윽한 눈매 연출
Cheek	• 핑크톤 사용
	• 광대뼈보다 아래쪽에서 구각을 향해 사선으로 바름
Lip	• 적당한 유분기를 가진 레드 색상 사용
	• 아웃커브 형태
기타	• 마릴린 먼로 개성이 돋보이는 점 표현

Eye Brow　Eye Shadow　Cheek　Lip

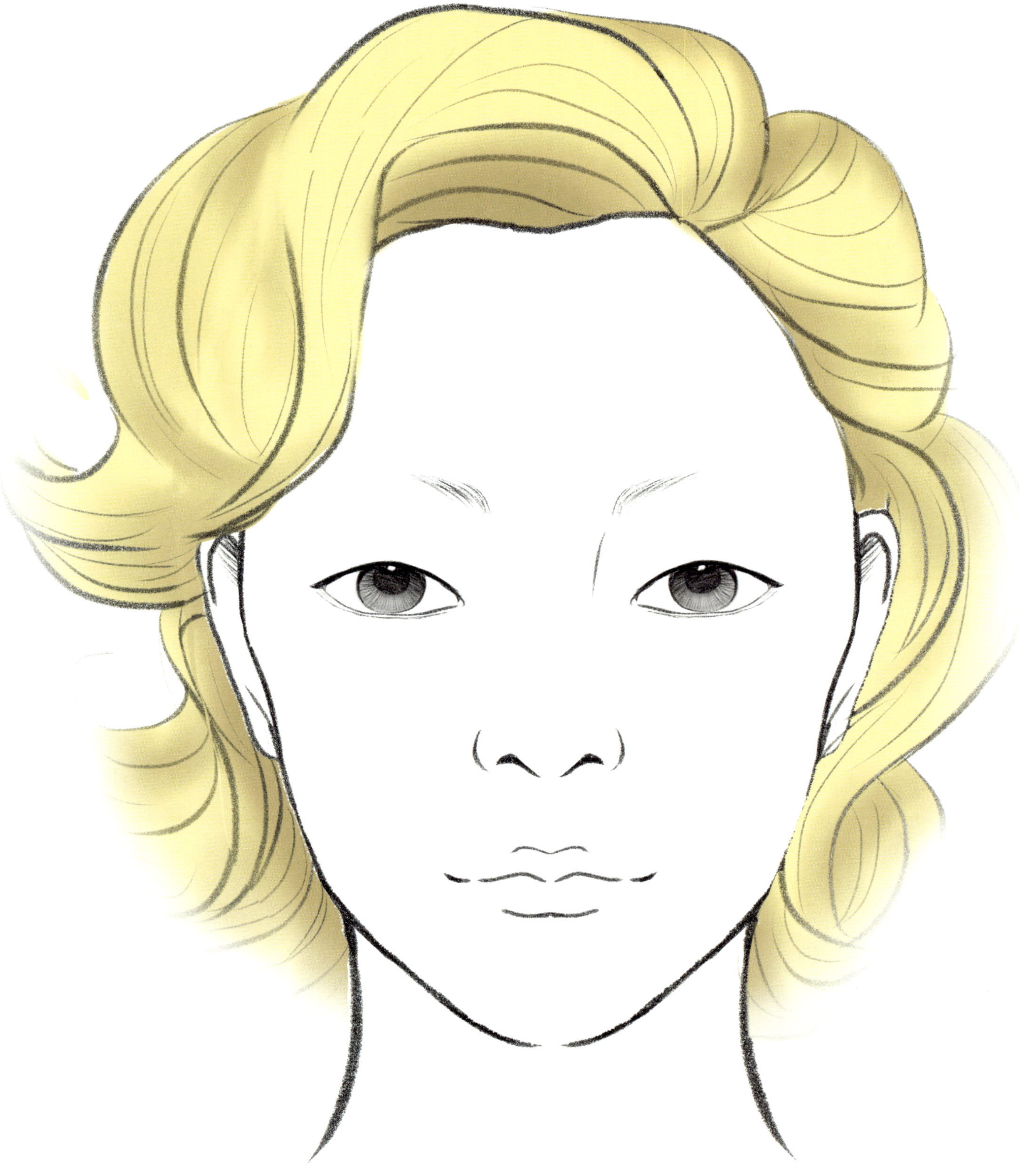

Eye Brow   Eye Shadow   Cheek   Lip

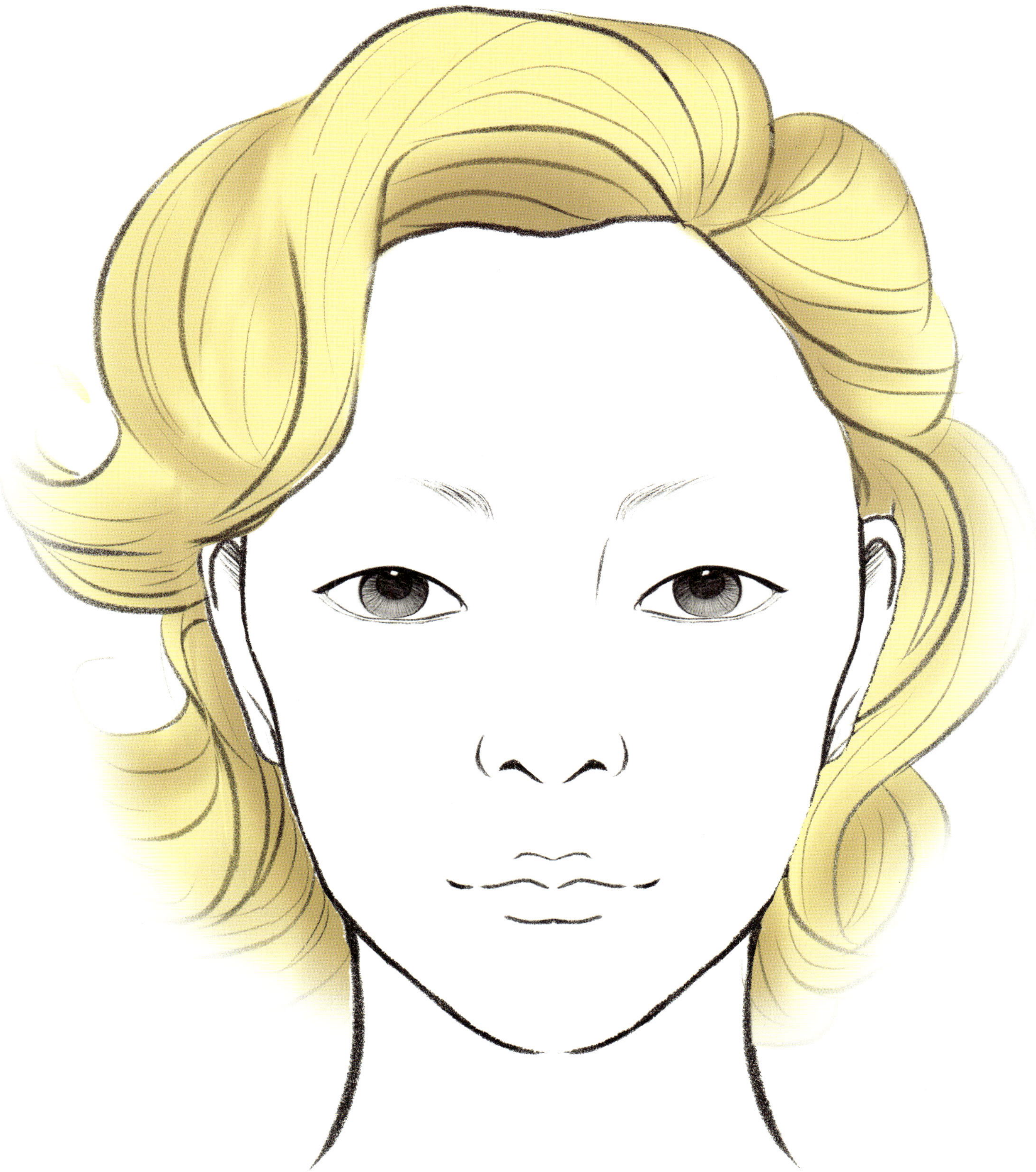

Eye Brow | Eye Shadow | Cheek | Lip

시대 메이크업: 1960년대(트위기)

Base Make-up	• 모델 피부 색과 비슷한 리퀴드 또는 크림 파운데이션 사용
	• 파운데이션은 두껍지 않게 골고루 펴 바름
	• 파우더로 마무리
Eye Brow	• 자연스러운 브라운 색상
	• 눈썹 산을 강조
Eye Shadow	• 화이트 베이스 컬러 사용
	• 핑크, 네이비, 그레이, 어두운 청색으로 인위적인 쌍꺼풀 라인 표현
	• 쌍꺼풀 라인과 아이라인의 선이 선명하도록 강조하여 그라데이션
	• 화이트로 쌍꺼풀 안쪽 및 눈썹 아래 부위에 하이라이트
Eye Line	• 아이라인은 선명하게 표현
	• 전체적인 눈매 교정
Eyelash	• 뷰러를 이용하여 자연 속눈썹을 컬링
	• 마스카라를 바르고 인조 속눈썹을 붙여 눈매를 강조
	• 과장된 속눈썹 표현을 위해 언더 속눈썹에도 마스카라를 함
	• 언더 속눈썹은 아이라이너를 사용하여 그리거나 인조 속눈썹을 붙여 표현
Cheek	• 핑크 및 라이트 브라운 색상 사용
	• 애플 존 위치에 둥근 느낌으로 바름
Lip	• 베이지 핑크 색상 사용
	• 자연스럽게 펴 발라 마무리

Eye Brow   Eye Shadow   Cheek   Lip

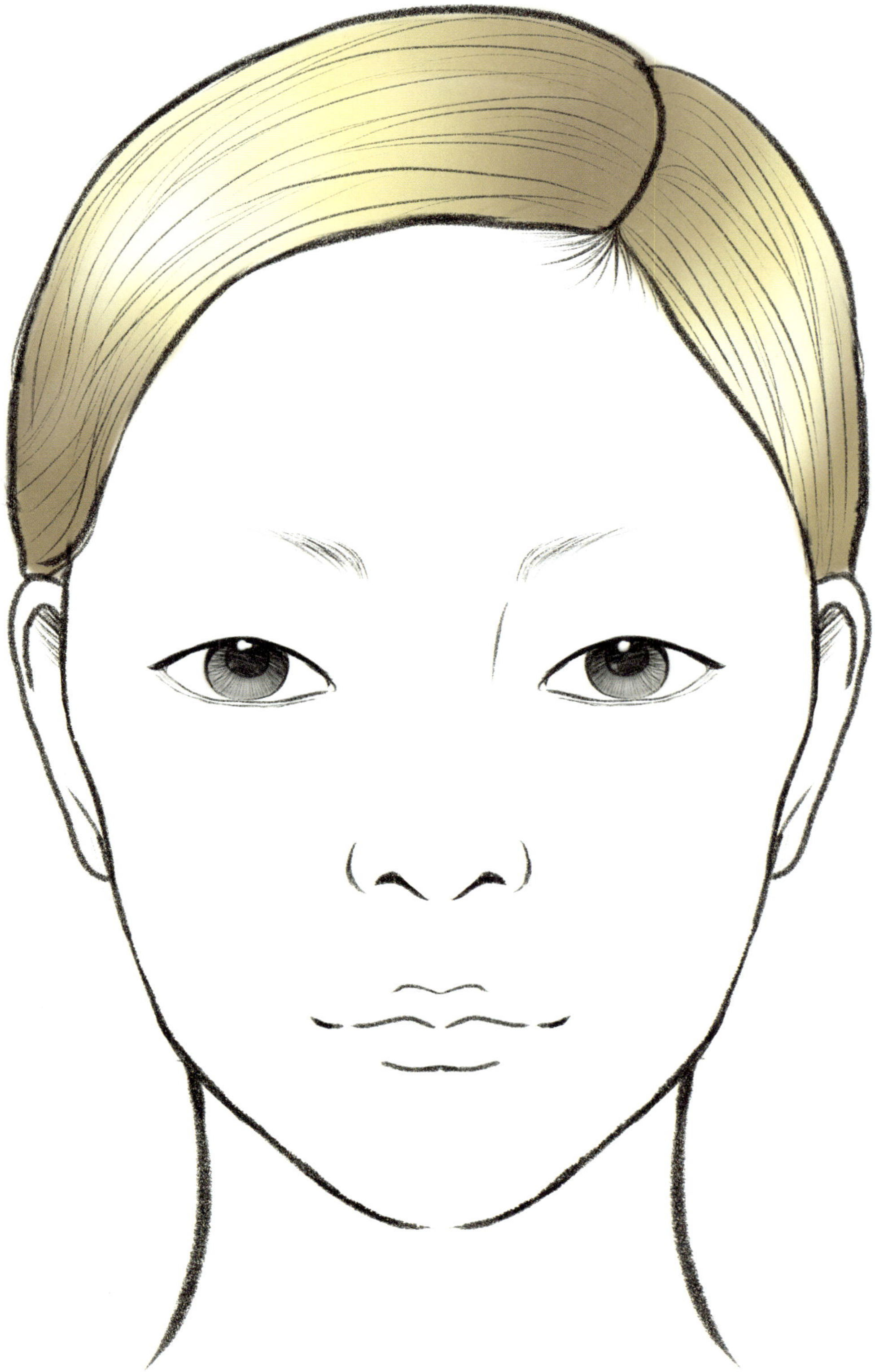

Eye Brow
Eye Shadow
Cheek
Lip

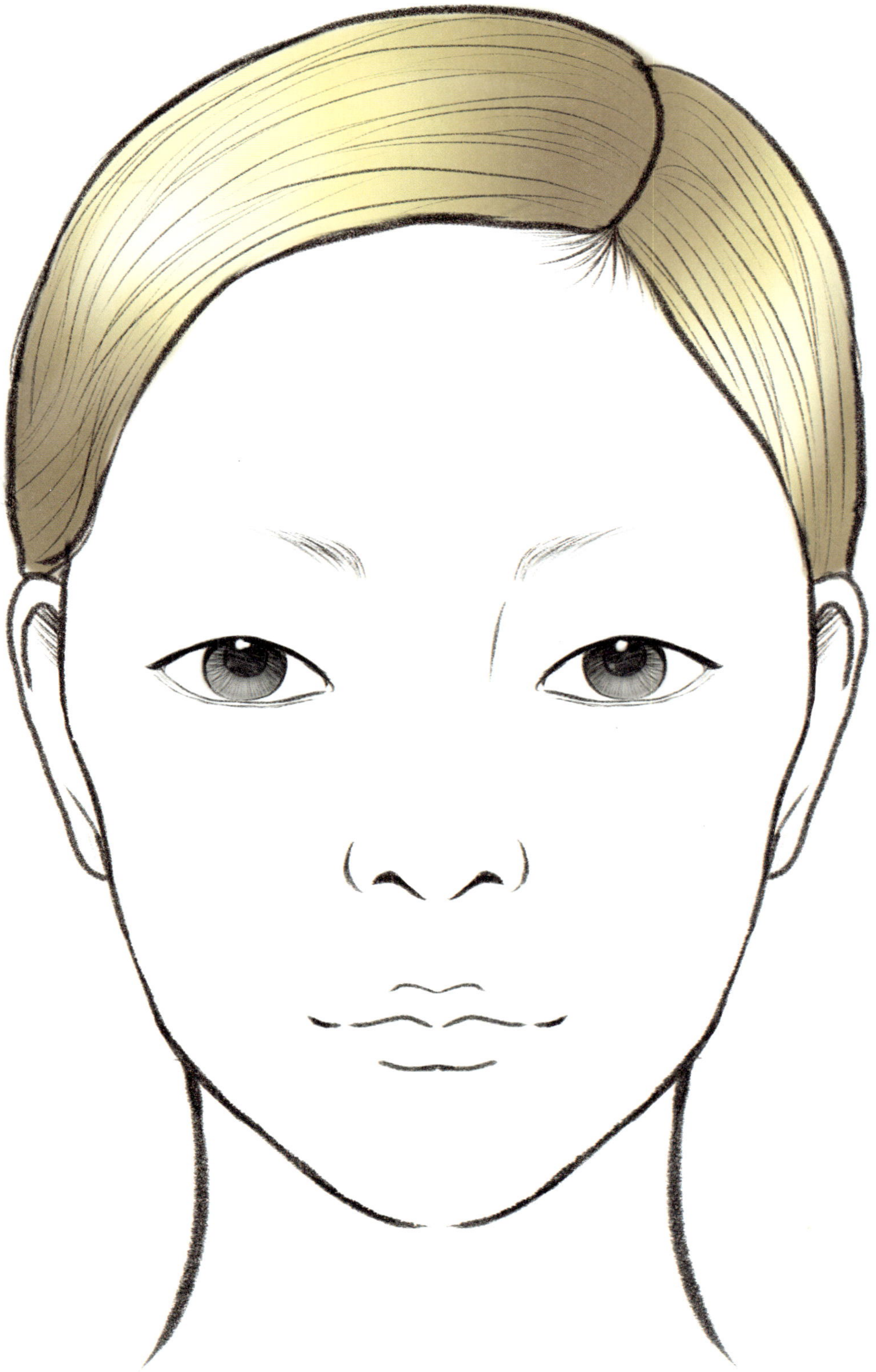

Eye Brow

Eye Shadow

Cheek

Lip

시대 메이크업: 1970-1980년대 (펑크)

Base Make-up	• 크림 파운데이션 사용하여 창백하게 표현
	• 피부 결점 등을 커버하기 위해 컨실러 등 사용
	• 파우더로 매트하게 마무리
Eye Brow	• 눈썹 결을 강조하여 짙고 강하게 표현
Eye Shadow & Eye Line	• 화이트, 베이지, 그레이, 블랙 등의 색상 사용으로 아이홀을 강하게 표현
	• 아이홀의 눈꼬리 1/3부분을 검정색 아이섀도나 아이라이너로 메우고 그라데이션
	• 3개의 검정색 라인을 아이홀라인의 바깥쪽으로 과장되게 그림
	• 언더라인은 위쪽 라인까지 연결하여 강하게 표현
Eyelash	• 뷰러를 이용하여 자연 속눈썹을 컬링
	• 마스카라를 바르고 인조 속눈썹을 붙임
Cheek	• 레드 브라운 색 사용
	• 얼굴 앞쪽을 향하여 사선으로 선을 그리듯 강하게 바름
Lip	• 검붉은 색을 펴 바름
	• 입술 라인을 선명하게 표현

Eye Brow

Eye Shadow

Cheek

Lip

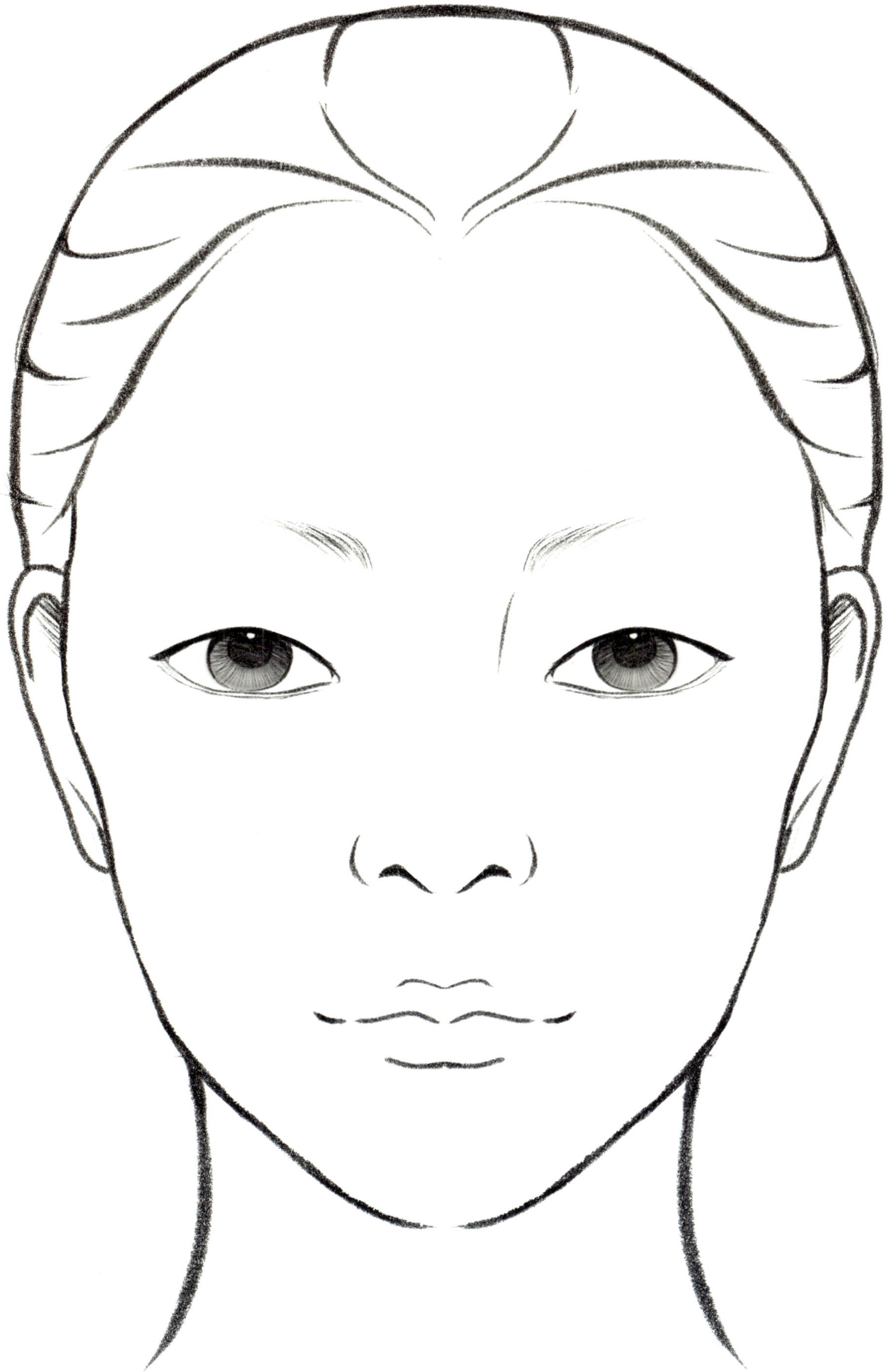

Eye Brow Eye Shadow Cheek Lip

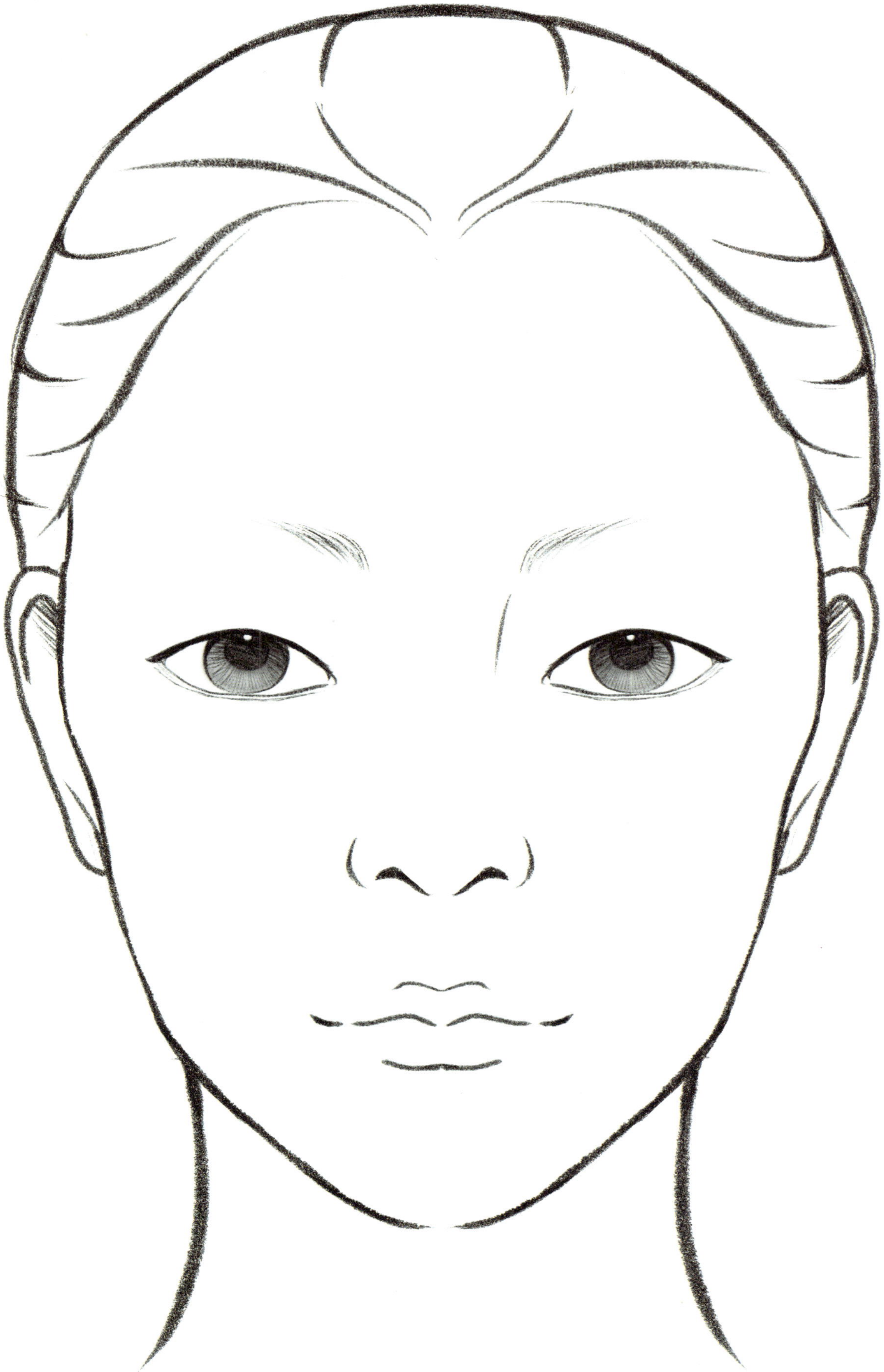

Eye Brow
Eye Shadow
Cheek
Lip

캐릭터 메이크업: 레오파드

Base Make-up	• 피부톤보다 밝은 파운데이션 사용
	• 파우더로 마무리
	• 옐로우, 오렌지, 브라운색의 아쿠아 컬러나 아이섀도 등을 사용하여 그라데이션
	• 레오파드 무늬는 아쿠아 컬러나 아이라이너 등을 사용하여 선명하고 점진적으로 표현
Eye Shadow & Eye Line	• 아이홀 부위는 흰색으로 뚜렷하게 표현
	• 검정색 아이라이너, 아쿠아 컬러 등으로 눈꺼풀 위와 눈 밑 언더라인의 트임을 표현
Eyelash	• 인조 속눈썹 사용
	• 길고 날카로운 눈매 표현
	• 언더라인은 아이라이너를 사용하여 그리거나 인조 속눈썹을 붙여 표현
Cheek	• 도면과 같이 아이섀도와 연계되게 연출
	• 레오파드 무늬는 검정색 아이라이너, 아쿠아 컬러 등으로 광대뼈 위에서 아래로 점진적 표현
Lip	• 버건디 레드 색으로 표현
	• 모델의 입술에 맞게 사용하되, 구각을 강조한 인커브 형태 표현

Base Make-up	Eye Shadow	무늬	Lip

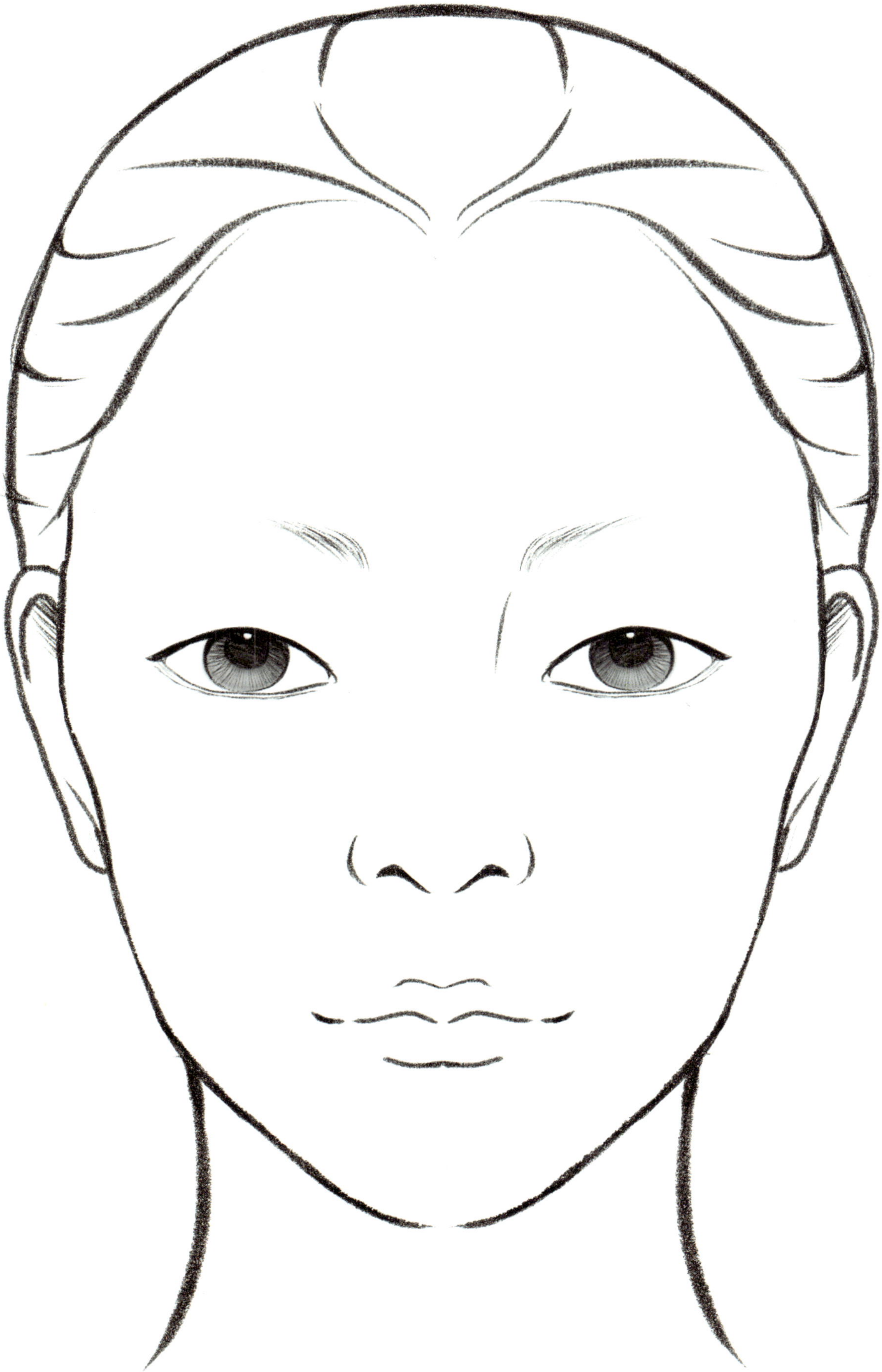

Base Make-up   Eye Shadow   무늬   Lip

Base Make-up　　Eye Shadow　　무늬　　Lip

캐릭터 메이크업: 무용(한국)

Base Make-up	• 모델 피부 톤에 맞는 파운데이션 사용 • 하이라이트와 섀딩으로 윤곽 처리 • 핑크 파우더로 매트하게 마무리
Eye Brow	• 눈썹은 브라운 색상으로 시작하여 검정색으로 자연스럽게 연결되도록 표현 • 부드러운 곡선의 동양적인 눈썹으로 표현
Eye Shadow	• 눈썹뼈에 흰색으로 하이라이트를 주어 입체감 있는 눈매 연출 • 연분홍색 아이섀도를 이용하여 눈두덩이를 그라데이션 • 눈꼬리 부분과 언더 라인을 마젠타 색상으로 포인트를 주고 상승형으로 표현
Eye Line	• 검정색 아이라이너를 사용 • 언더 라인은 펜슬 또는 아이섀도로 마무리
Eyelash	• 뷰러를 이용하여 자연 속눈썹을 컬링 • 마스카라 후 검정색의 인조 속눈썹을 끝부분이 처지지 않게 상승형으로 붙임
Cheek	• 핑크 색상 사용 • 광대뼈를 감싸듯 화사하게 표현
Lip	• 레드 색상의 립라이너를 이용하여 립 안쪽으로 그라데이션 • 핑크가 섞인 레드 색상으로 블렌딩
기타	• 블랙 펜슬 또는 블랙 아이라이너를 이용하여 귀밑머리를 자연스럽게 그림

Eye Brow　Eye Shadow　Cheek　Lip

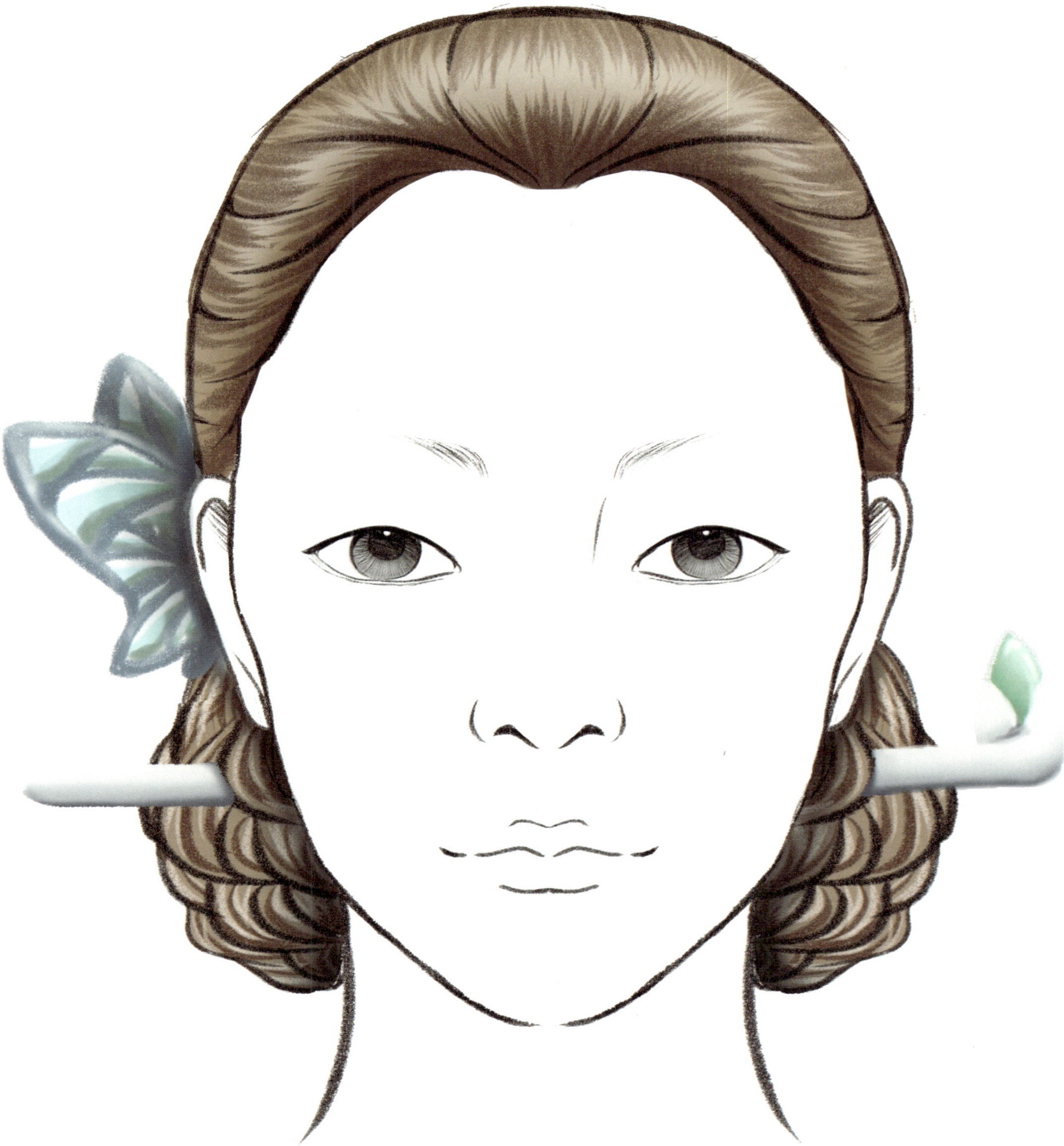

Eye Brow | Eye Shadow | Cheek | Lip

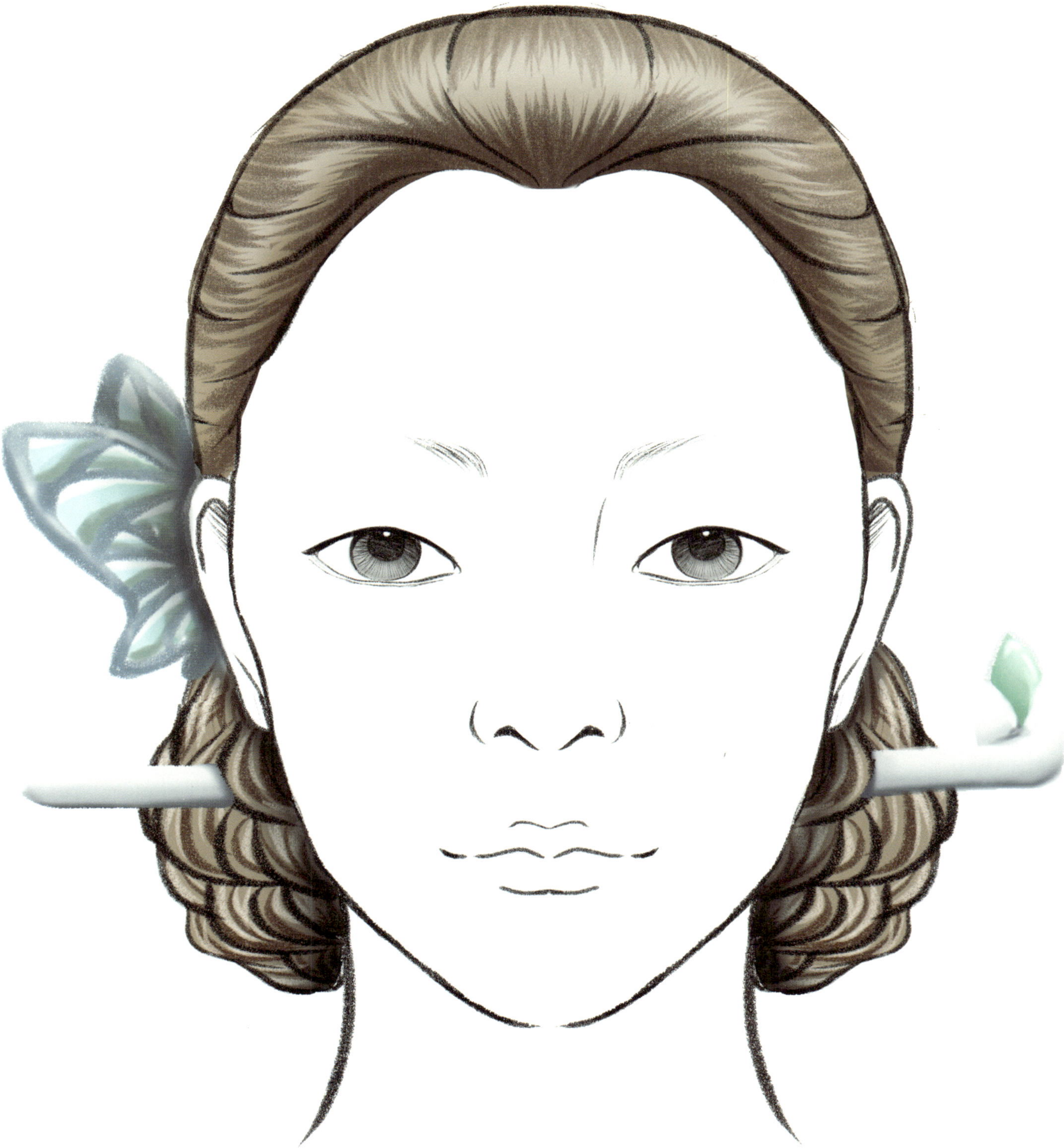

Eye Brow　Eye Shadow　Cheek　Lip

캐릭터 메이크업: 무용(발레)

Base Make-up	• 모델 피부 톤에 맞는 파운데이션 사용
	• 하이라이트와 섀딩으로 윤곽 처리
	• 핑크 파우더로 매트하게 마무리
Eye Brow	• 눈썹은 다크 브라운색으로 시작하여 검정색으로 자연스럽게 연결되도록 표현
	• 갈매기 형태로 그림
Eye Shadow	• 눈썹뼈에 흰색으로 하이라이트를 주어 입체감 있는 눈매 연출
	• 아이홀은 핑크와 퍼플 색상을 이용하여 그라데이션
	• 홀의 안쪽은 흰색으로 채워서 표현
	• 눈꼬리부분과 언더 라인은 마젠타색으로 포인트 주고 상승형으로 표현
	• 속눈썹 라인과 언더 라인에 아쿠아 블루 색상으로 포인트를 줌
	• 언더 라인에 흰색을 넣어 눈이 커 보이도록 표현
Eye Line	• 검정색 아이라이너를 사용
	• 아이라인과 언더 라인을 길게 그림
Eyelash	• 뷰러를 이용하여 자연 속눈썹을 컬링
	• 검정색의 짙은 인조 속눈썹을 끝부분이 처지지 않게 상승형으로 붙임
Cheek	• 핑크색 사용
	• 광대뼈를 감싸듯 화사하게 표현
Lip	• 로즈 색상의 립라이너를 이용하여 립 안쪽으로 그라데이션
	• 핑크색 립 컬러로 블렌딩

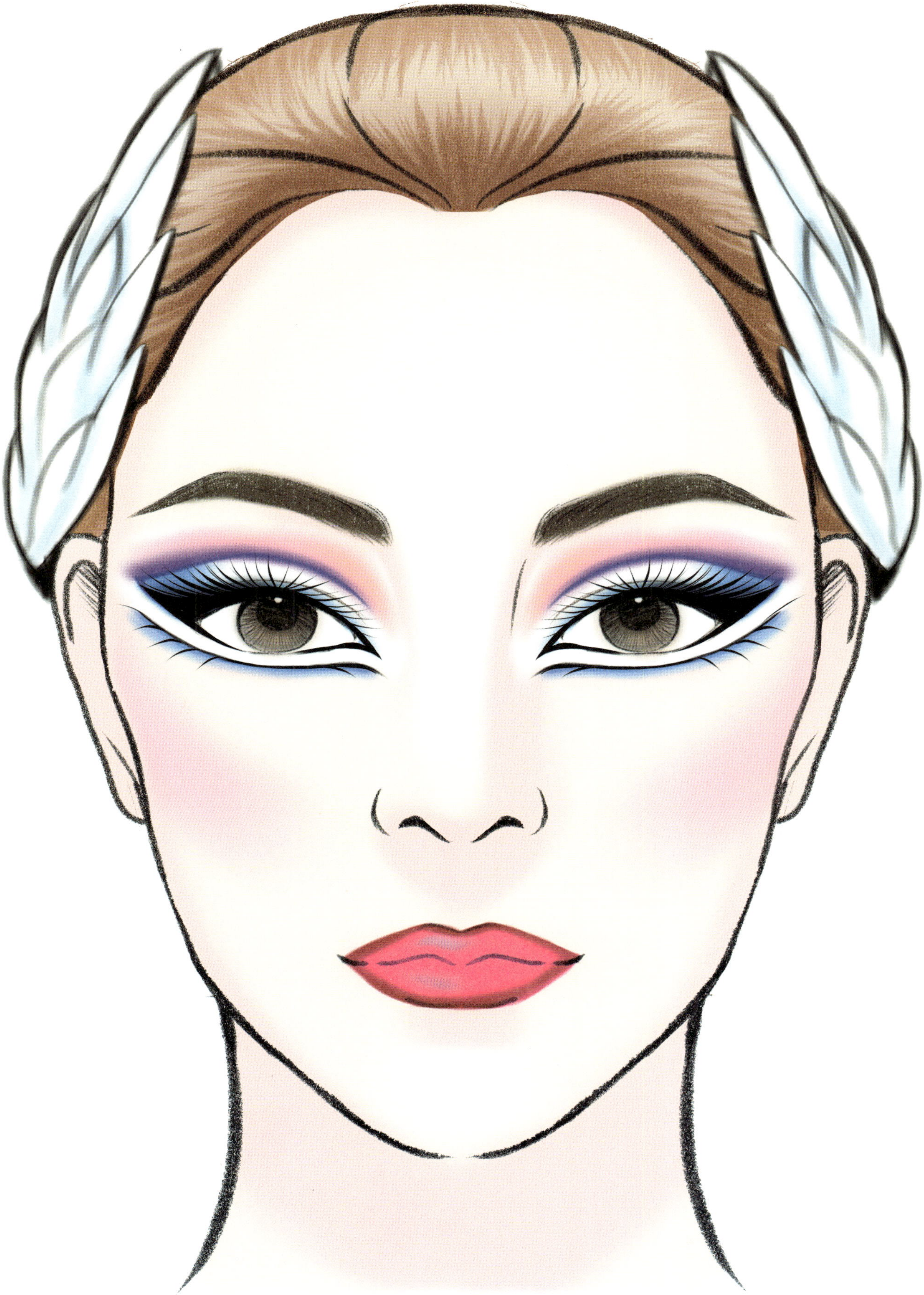

Eye Brow	Eye Shadow	Cheek	Lip

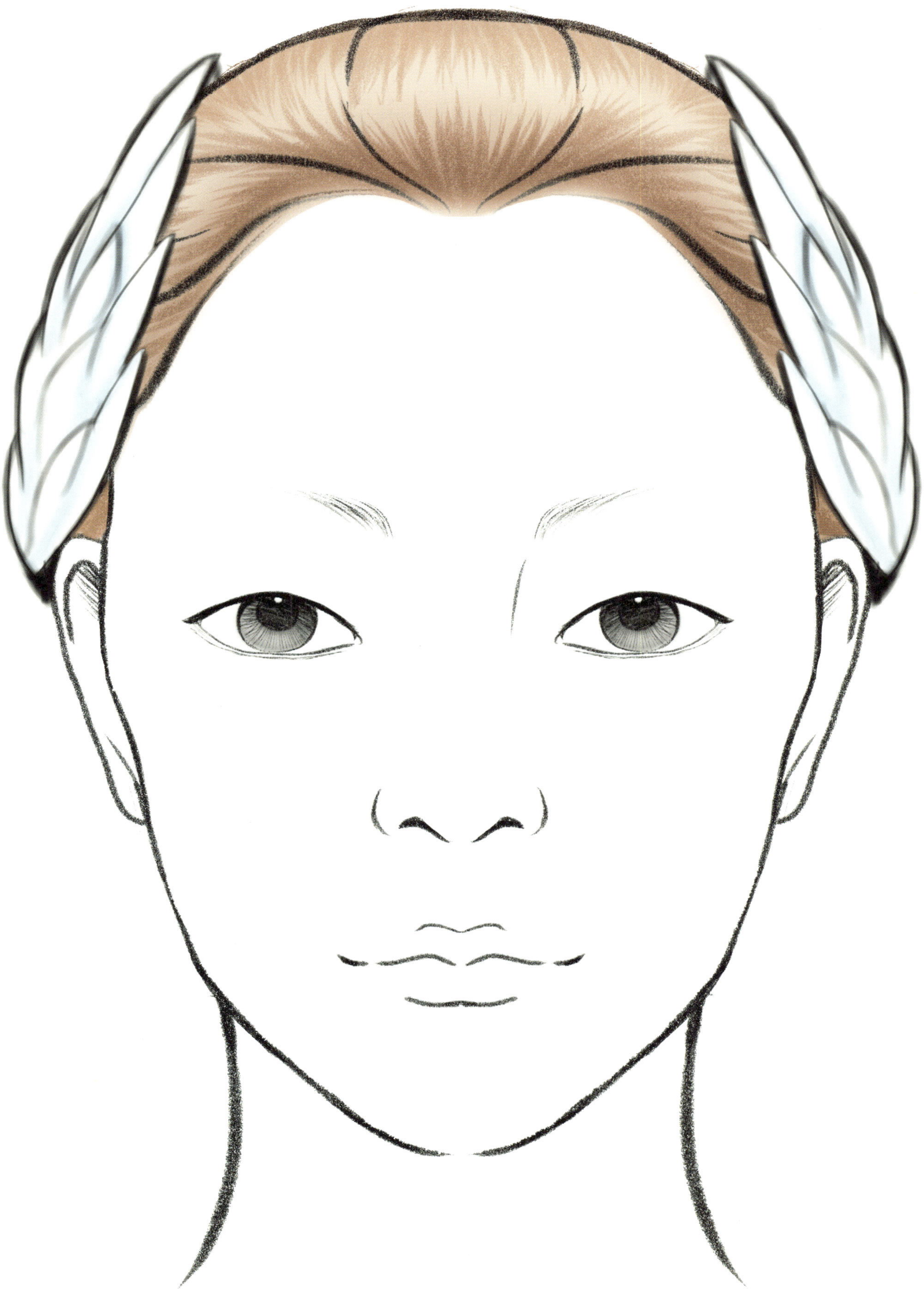

Eye Brow

Eye Shadow

Cheek

Lip

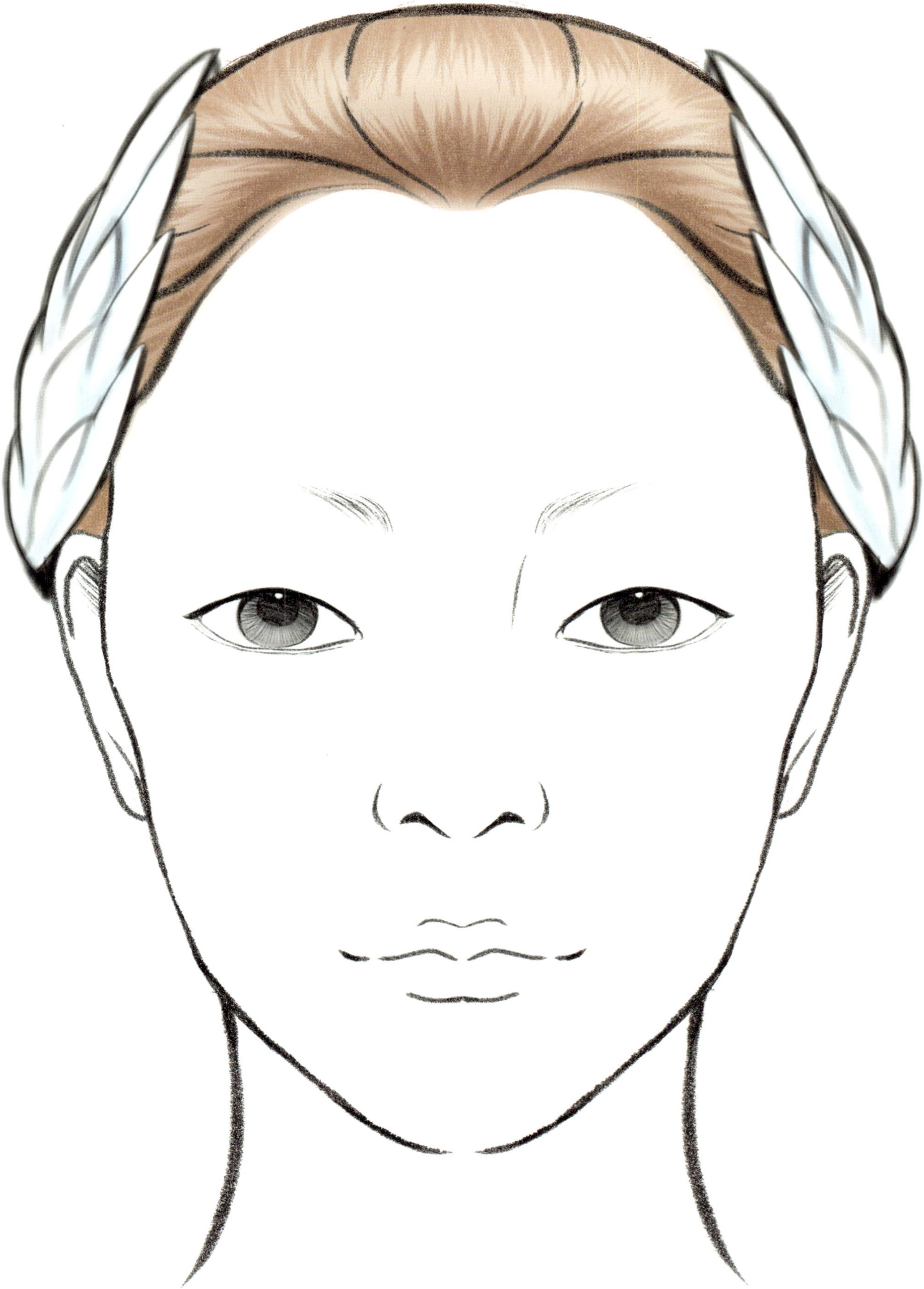

Eye Brow

Eye Shadow

Cheek

Lip

캐릭터 메이크업: 노역

Base Make-up	• 파운데이션을 가볍게 바름
	• 모델 피부톤보다 한톤 어둡게 표현
	• 섀딩 컬러로 얼굴의 굴곡부분을 자연스럽게 표현
	• 하이라이트 컬러로 돌출부분을 표현
	• 갈색 펜슬을 이용하여 얼굴의 주름을 표현
	• 파우더로 가볍게 마무리
Eye Brow	• 눈썹은 강하지 않게 회갈색으로 표현
Lip	• 내추럴 베이지 색상을 이용
	• 아랫입술이 윗입술보다 두껍지 않게 표현

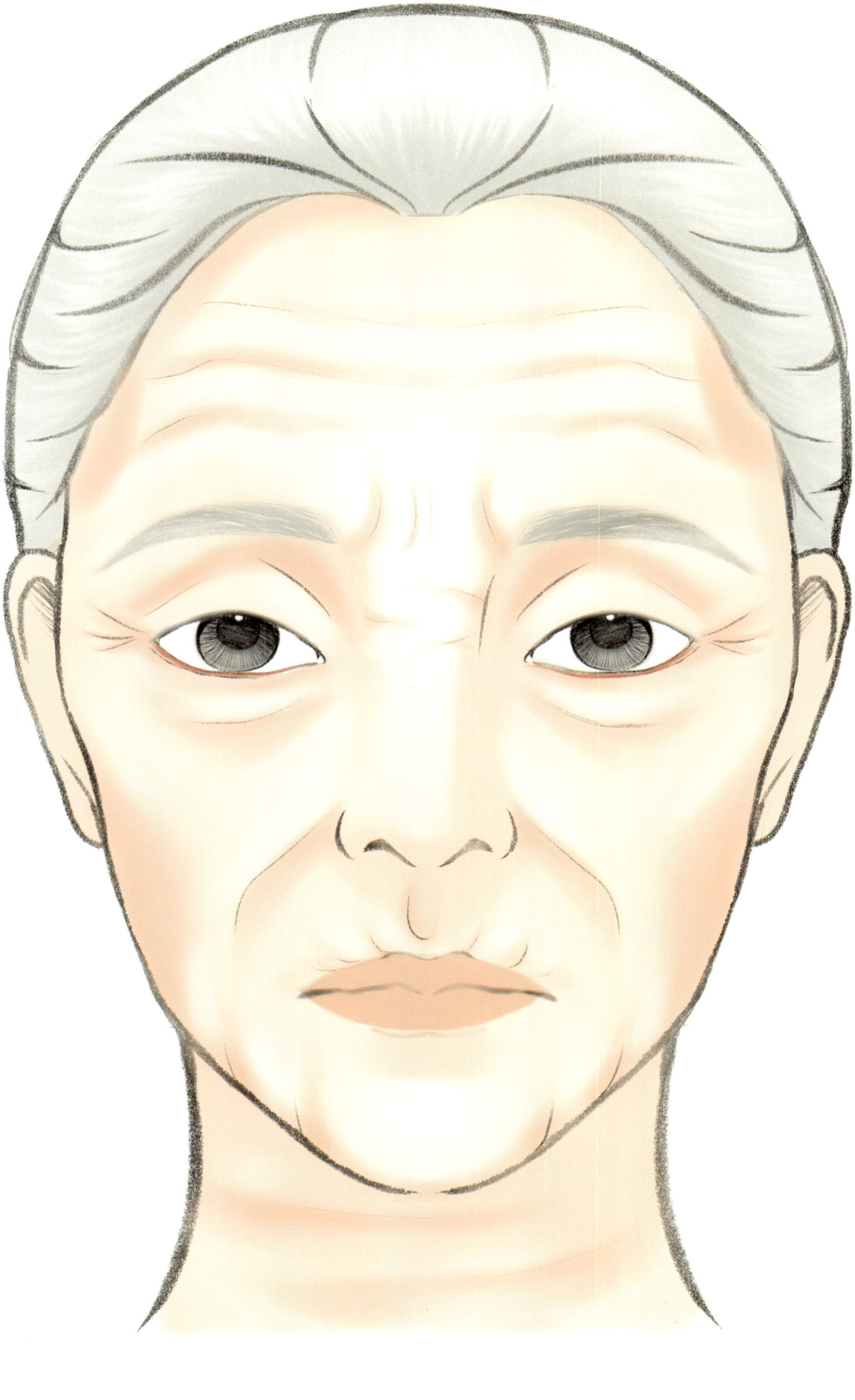

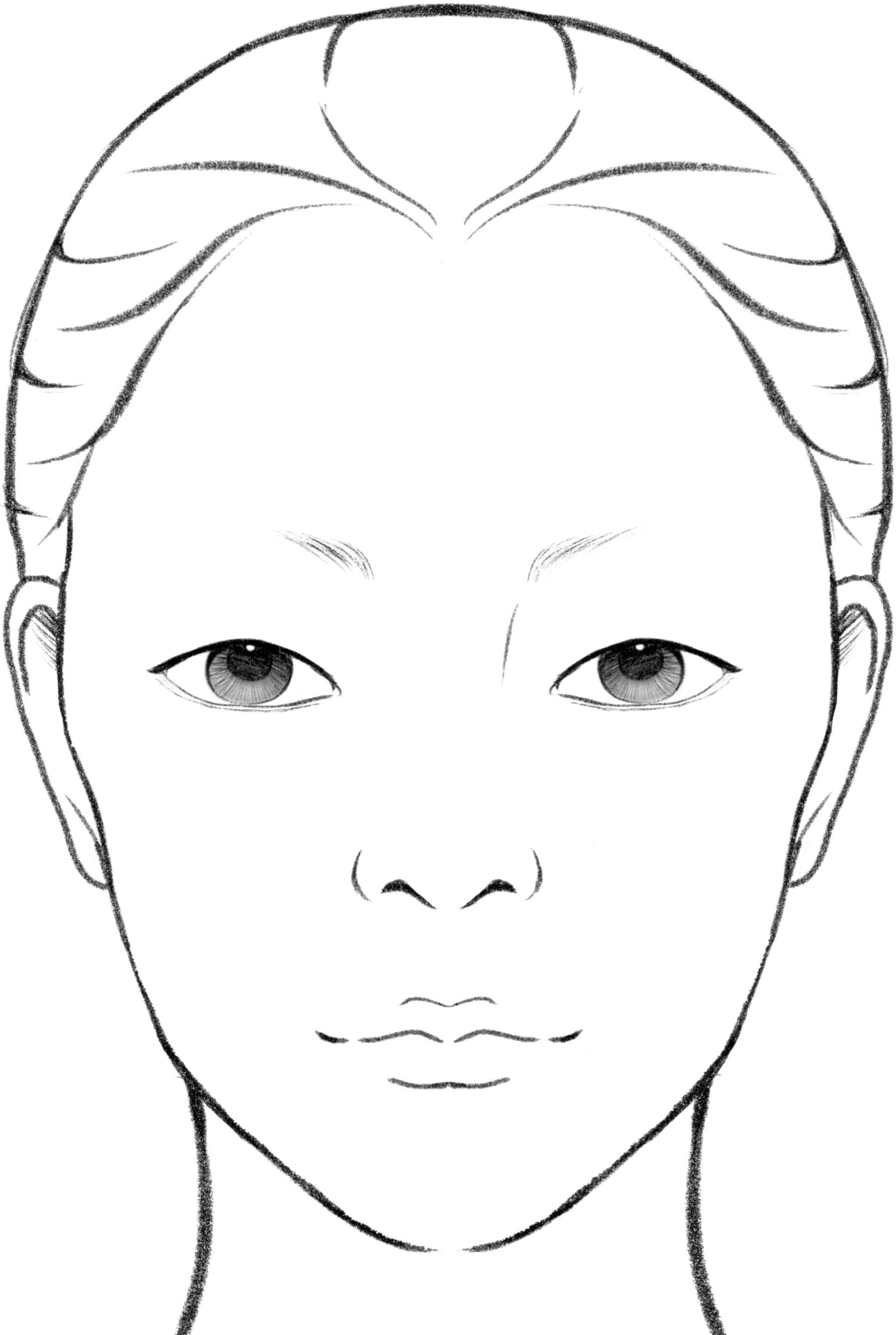

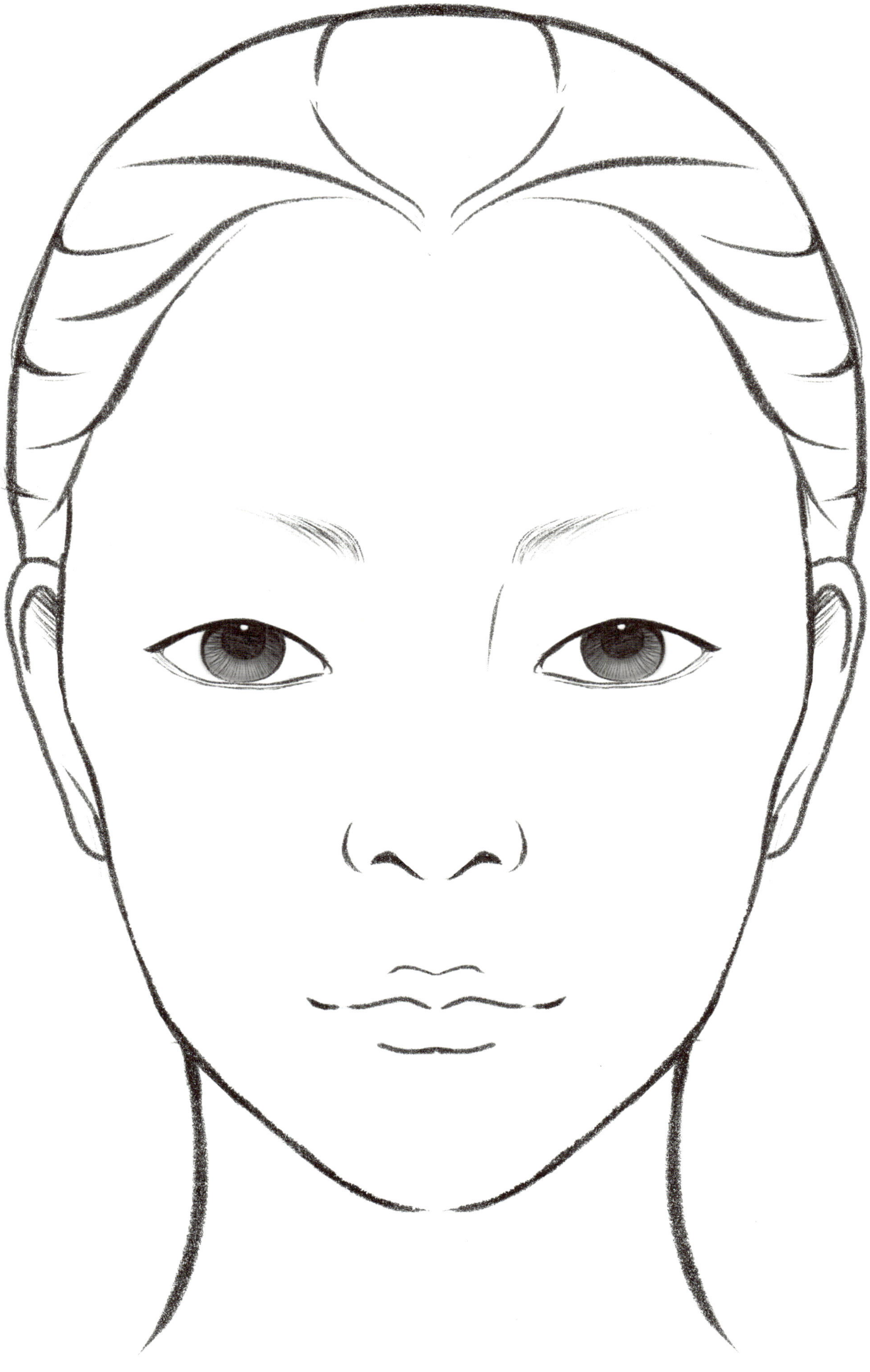

속눈썹 익스텐션

진행 순서	• 5~6mm의 인조 속눈썹이 부착된 마네킹 준비
	• 수험자의 손 및 도구류와 마네킹의 작업 부위를 소독
	• 적절한 위치에 아이 패치 부착
	• 일회용 도구를 사용하여 전처리제를 균일하게 도포
	• 연장하는 속눈썹은 J컬 타입
	• 길이 8, 9, 10, 11, 12mm와 두께 0.15~0.20mm의 싱글모 사용
	• 중앙이 길어보이는 라운드형(부채꼴 디자인)의 속눈썹 익스텐션(왼쪽, 또는 오른쪽) 완성
	• 마네킹에 부착된 속눈썹 한 개당 하나의 속눈썹(J컬)만 연장
	• 5가지 길이(8, 9, 10, 11, 12mm)의 속눈썹을 모두 사용하여 자연스러운 디자인 완성
	• 모근에서 1.0mm~1.5mm를 반드시 떨어뜨려 부착
	• 왼쪽 또는 오른쪽 인조 속눈썹에 최소 40가닥 이상의 속눈썹을 연장
	• ※ 눈 앞머리 부분의 속눈썹 2~3가락은 연장하지 않음

미디어 수염

진행 순서	• 현대적인 남성스타일 연출
	• 완성된 수염의 길이는 마네킹의 턱 밑 1~2cm 정도로 작업
	• 과제 수행 전, 수험자의 손 및 도구류와 마네킹의 작업 부위 소독
	• 수염 접착제(스프리트 검)를 균일하게 도포
	• 마네킹의 좌우 균형, 위치, 형태를 주의하면서 사전에 가공된 상태의 수염을 붙임
	• 수염의 양과 길이 및 형태에 유의하며 콧수염과 턱수염을 완성
	• 빗과 핀셋으로 붙인 수염을 다듬은 후, 고정 스프레이와 라텍스 등으로 스타일링

Chapter 10 Face's Pattern

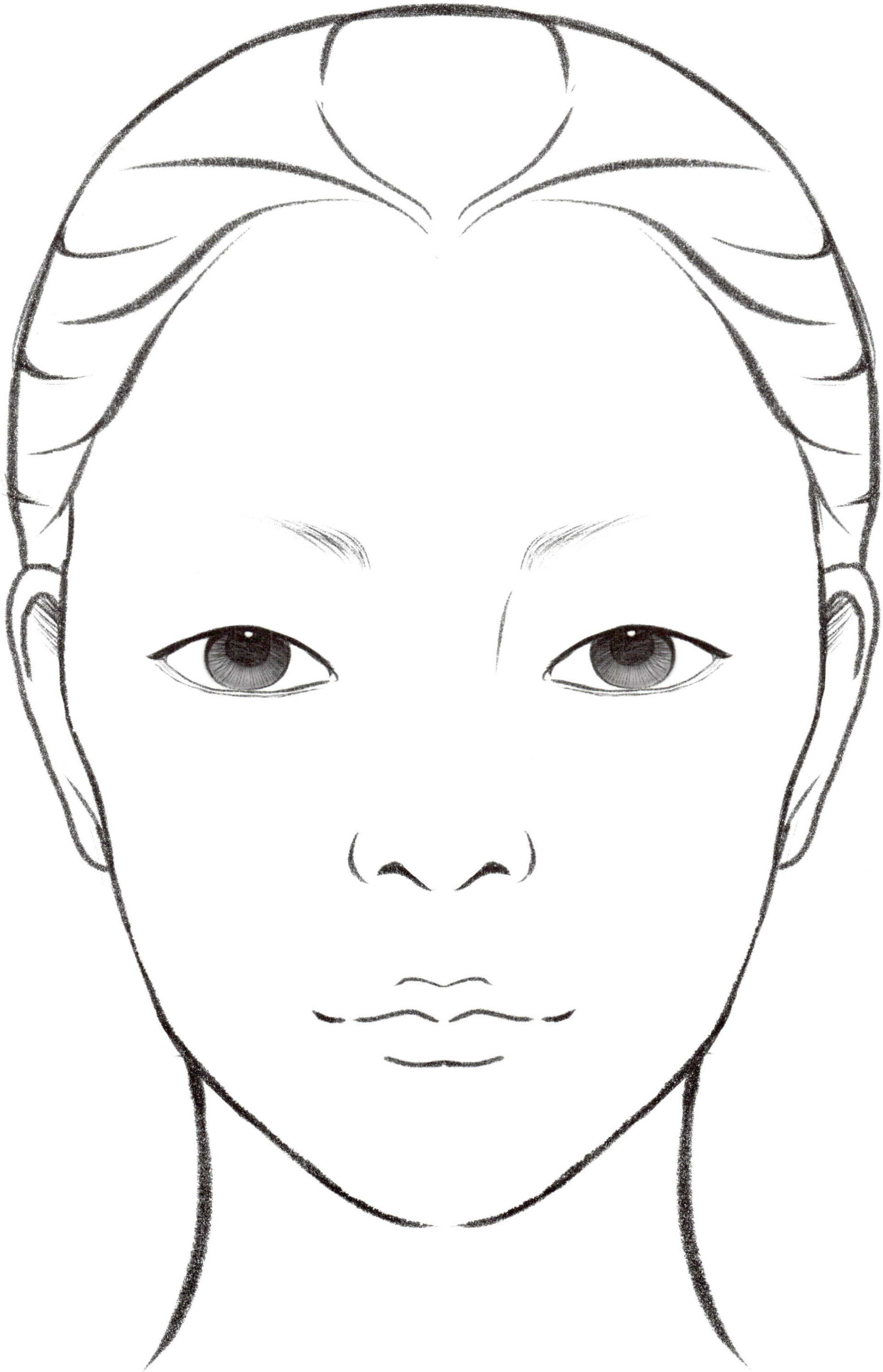

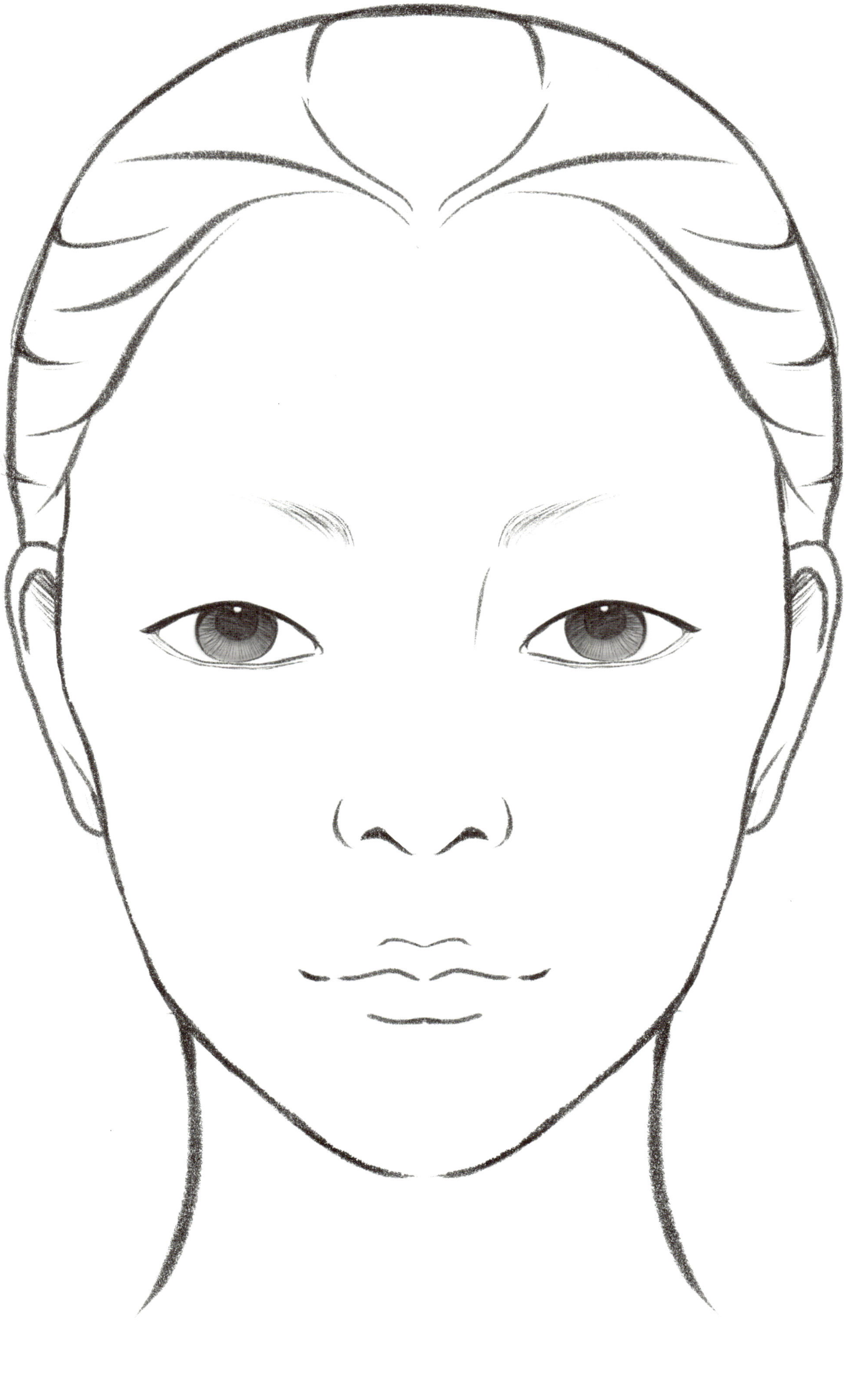

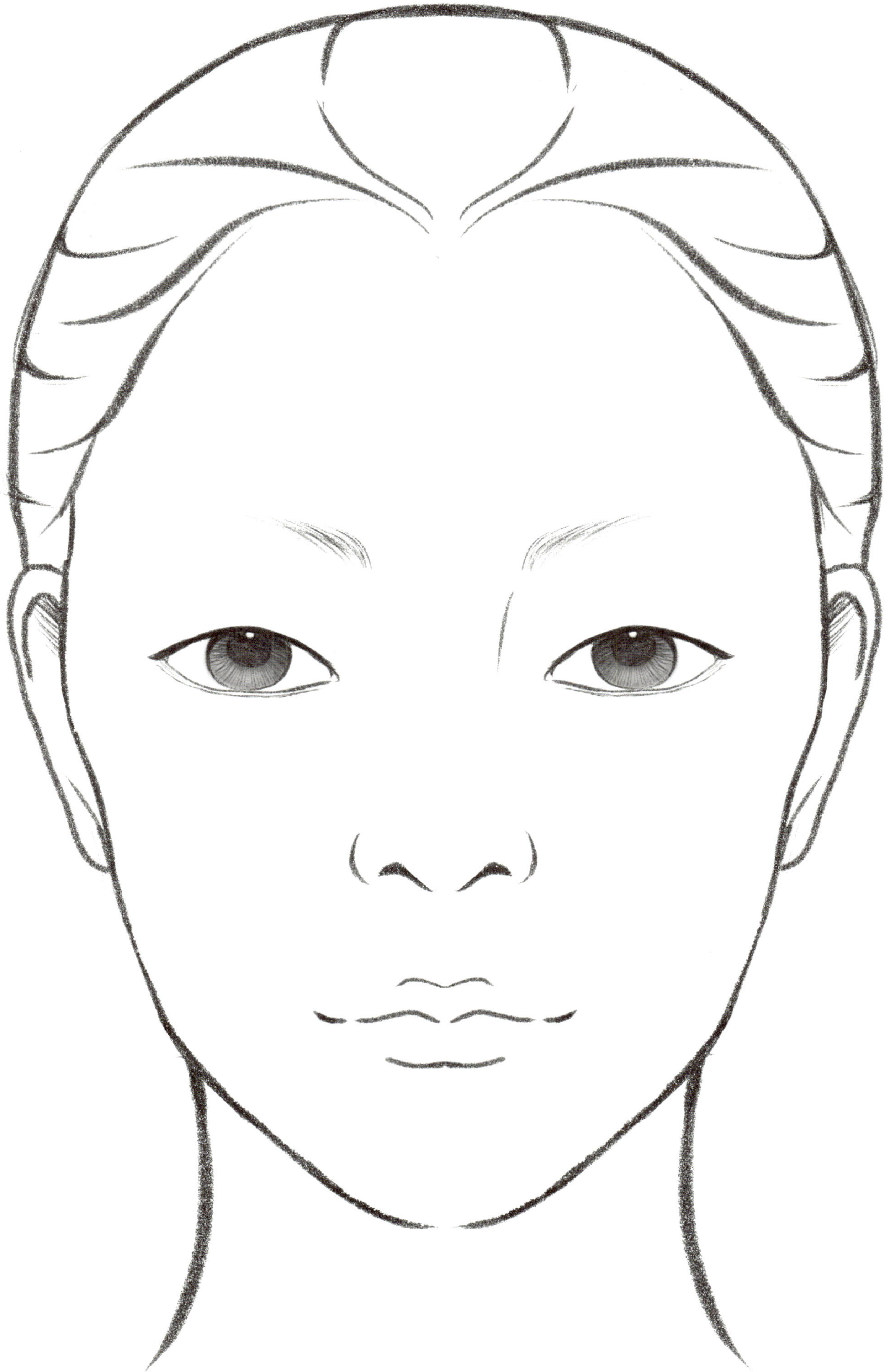

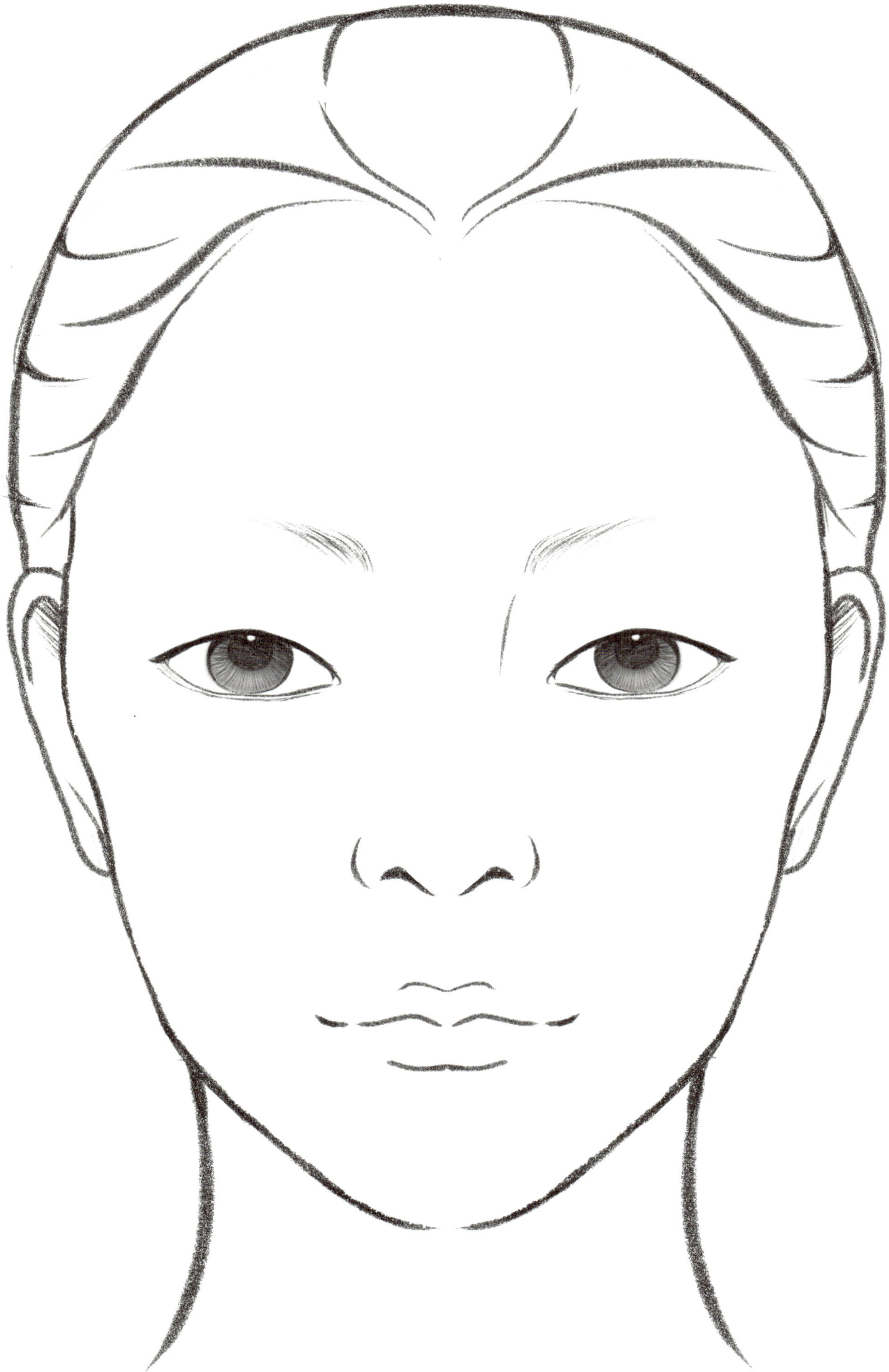

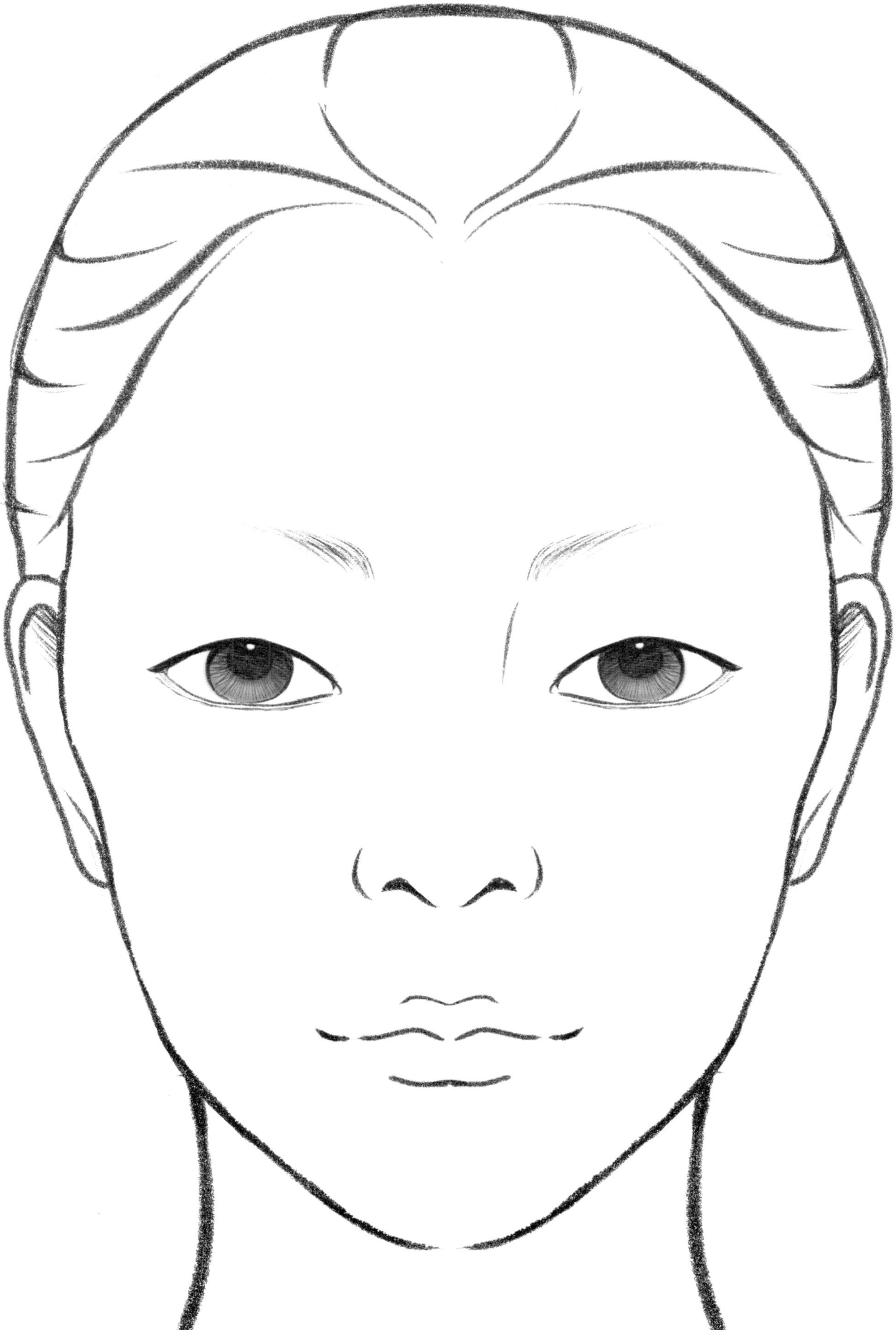

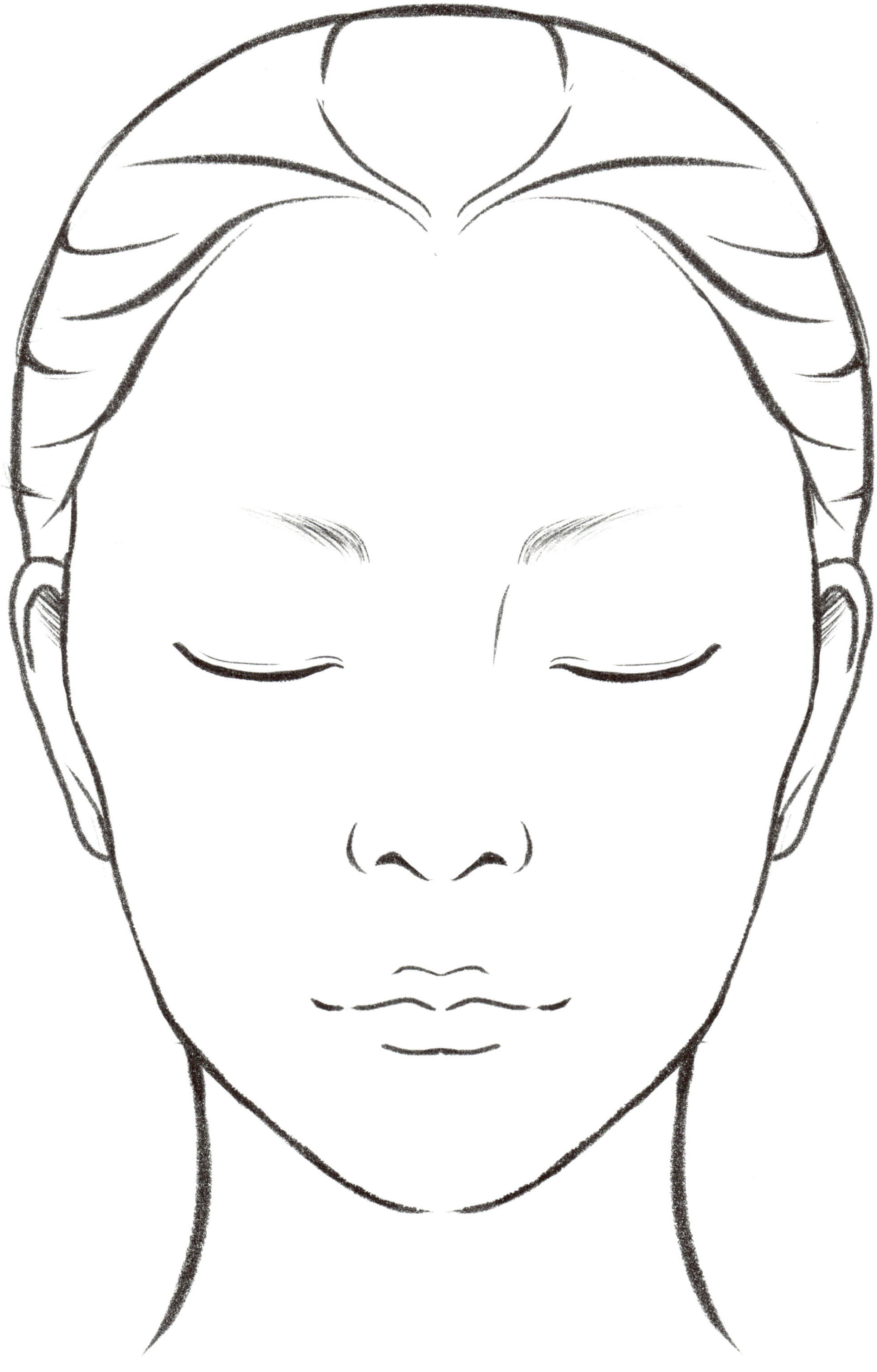

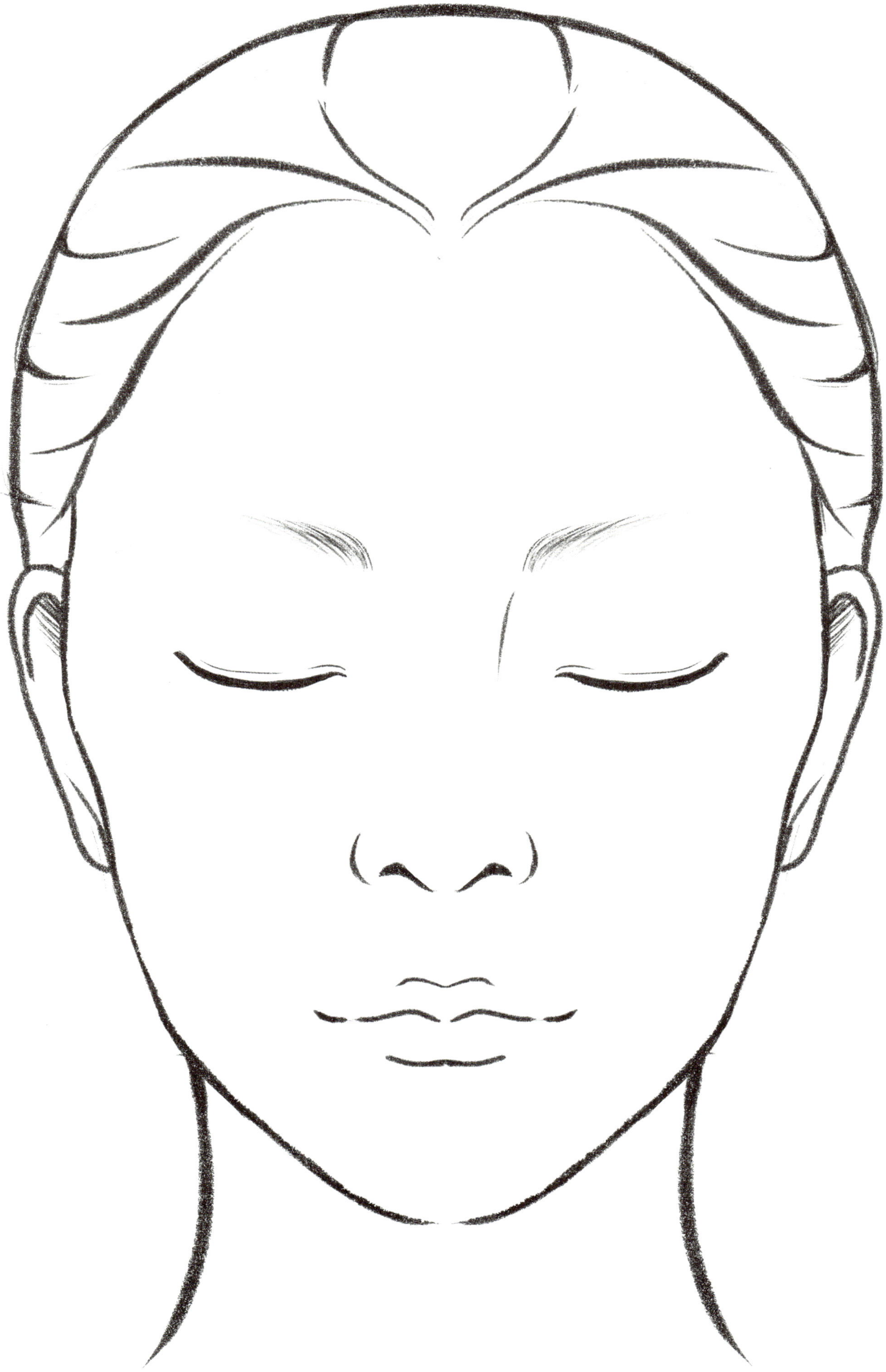